Wissenschaft

CW00497502

Sand,Wasser und Wellen

ir G.L.M. van der Schrieck

Autor und Herausgeber: G.L.M. van der Schrieck
ISBN: 9798410680516
Herausgegeben von: GLM van der SCHRIECK BV
        Burg. Den Texlaan 43,
        NL2111CC, Aerdenhout, Niederlande
        E-Mail: glm@vanderschrieck.nl
PB19

In der Corona Zeit geschrieben für meine Frau Judith, unsere Kinder Jeroen, Maarten und Florentine sowie den Enkelkinder Louise, Lucas, Féline, Rosalie, Philippine, Constantijn und Jan Willem.

INDEX

Vorwort

Diese Broschüre ist für Jung und Alt geschrieben und erklärt die Wellen und Bodenmechanik von Sand und Wasser am Strand.Für viele von uns ist der Strand unser erstes experimentelles Labor für die Bodenforschung. Schon in jungen Jahren fragen wir uns, warum Dinge passieren, und wir erforschen dies gerne durch Experimente. Diese Broschüre beantwortet Fragen wie:

- Was ist Treibsand?
- Bis zu welcher Höhe kann ich die Mauer meiner Sandburg bauen?
- Warum ist feuchter Sand stärker als trockener Sand?
- Warum sehen Sie einen „trockenen Fleck" um Ihren Fuß, wenn Sie am nassen Strand spazierengehen?
- Warum versinke ich mit meinen Stuhlbeinen in trockenem Sand oder vollständig eingetauchtem Sand und nicht in einer leicht feuchten Sandoberfläche?
- Warum ist die Bergung eines gestrandeten Schiffes so schwierig?
- Woher kommen die Wellen? was machen die Wellen mit dem Strand?
- Was ist ein Tsunami?

Zur Beantwortung dieser Fragen werden die bodenmechanischen und hydraulischen Hintergründe beschrieben und einfache Berechnungsmodelle bereitgestellt. Mit Hilfe dieser Modelle kann die Größenordnung der bodenmechanischen und wellen Phänomene bestimmt werden.
Die Broschüre ist als Leitfaden für den "Straßen- und Wassertechniker", der in uns allen verborgen ist.
Es ist beabsichtigt, ein Gespräch zwischen den Generationen zu initiieren, die am Strand leben oder dort Urlaub machen.
Ich hoffe, daß Sie nach dem Lesen dieses Buches noch mehr Spaß am „Experimentieren mit Sand und Wasser" haben werden.

Gerard van der Schrieck

1. Das Verhalten von Strandsand.

Dieses erste Kapitel beschreibt die Haupteigenschaften von Sand:
• Die Kornform und -größe
• Die Porosität oder der Abstand zwischen den Körnern
• Die Wasserdurchlässigkeit
• Die Scherfestigkeit

Diese Eigenschaften bestimmen das Verhalten von Sand unter den verschiedenen Bedingungen, wie sie in der Praxis auftreten.
Dies wird in Kapitel 2 näher erläutert.

1.1.   Die Form und Größe der Sandkörner.

Sandkörner haben keine runde Form, sondern eine unregelmäßige Form. Sandkörner in einem Fluss stammen aus einer Bergkette, in der sie durch Verwitterung von Felsen entstanden sind. Gestein besteht normalerweise aus verschiedenen Steinsorten, einschließlich Quarzgestein. Der Quarz verwittert als letstes und wird von der Strömung im Fluss zur Flussmündung im Meer transportiert. In der Rhone in Frankreich werden sogar Steine mitgeführt, die auf ihrem Weg von der Schweiz ins Mittelmeer gerundet sind und sich im Flussdelta bei Marseille niederlassen. Wenn Sie dort an einem hohen Abfluss entlang des Flusses stehen, können Sie die Steine über den Grund des Flusses rollen hören!

Hauptsächlic Quarzkörner werden in den meisten Flussdeltas abgelagert. Diese Körner werden dann durch die sich hin- und herbewegende Wellenbewegung des Meeres in der Wassersäule aufgewirbelt und mit den vor der Mündung vorherrschenden Gezeitenströmungen weiter entlang der Küste transportiert.

Die Sandkörner in einem Fluss sind relativ jung und haben eine sehr unregelmäßige Form. Diese Körner fühlen sich auch „schärfer" an als Sandkörner am Strand.
Flusssand wird daher auch als „scharfer Sand" bezeichnet.

Neben der Tatsache, daß Flusssand süss Wasser enthält, ist die zusätzliche Schärfe einer der Gründe für die Verwendung dieses Sandes als Maurersand.

Sandkörner an einem Meeresstrand sind viel älter als Fluss-sandkörner. Sie sind runder, weil an einem Meeresstrand die Körner durch die Wellen, die am Strand brechen, viele Jahre lang aneinander reiben. Dadurch werden die scharfen Kanten der Körner abgenutzt und der Sand fühlt sich viel weniger scharf an.

Es ist daher schöner, mit Strandsand zu spielen!

Unregelmäßig geformte Körner sind schwieriger relativ zueinander zu verschieben als rundere Körner. Die Kornform beeinflusst daher die Scherkräfte im Sand. Wir werden in einem späteren Kapitel darauf zurückkommen.

Wir sprechen von Sand, wenn die Korngröße zwischen 0,063 mm und 2 mm liegt.

1.2. Die Porosität von Sand.

Sandkörner sind nicht immer gleich weit voneinander entfernt. Dieser Abstand hängt von den Bedingungen ab, unter denen eine Sandschicht abgelagert wurde, und davon, ob sie später mit zusätzlichen Lasten von darüber liegenden Sandschichten oder von schweren Eisgletschern beladen wurde oder nicht. Der relative Abstand zwischen den Sandkörnern wird als "Packung" des Sandes bezeichnet.

Wir nennen das Gesamtvolumen des Raums zwischen den Sandkörnern die „Porosität n" und geben es mit einem Volumenprozentsatz an.
Die Porosität des Sandes variiert ungefähr zwischen 30% und 45%, abhängig von dem Grad oder "Grad", zu dem der Sand verdichtet wurde.

Murmeln
Im speziellen Fall eines Stapels gleicher runder Kugeln (Murmeln) können wir einen losen Stapel und einen hoch verdichteten Stapel herstellen. Das lose Stapeln wird als "kubisches Stapeln" bezeichnet, bei dem die Kugeln in geraden Linien direkt über und nebeneinander liegen und eine Porosität von $n_1 = 47,64\%$ aufweisen.

Im meist verdichteten Stapel liegen die Kugeln in einem Muster aus gleichseitigen Dreiecken, wobei die Kugeln der nächsten Schicht genau in den Raum zwischen drei Kugeln von der darunter liegenden Schicht fallen. Wir nennen dies einen "rhombischen Stapel" und er hat eine Porosität von $n_2 = 25,95\%$

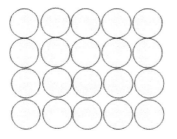 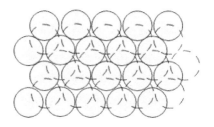

Kubisch Stapeln   Rhombisch Stapeln

Sie können beide Stapel Murmeln in zwei gleichen rechteckigen
Kisten (oder zweimal in derselben Kiste) herstellen:
Box 1 Kubik Stapeln
Box 2 Rhombische Stapeln

Zählen Sie in beiden Fällen die Anzahl der Murmeln A1 und A2, die in
die Box passen, und berechnen Sie das Verhältnis A1/A2
und vergleichen Sie es mit dem theoretischen Verhältnis
$n1/n2 = 47,64/25,95 = 1,835$

Eine geringe Porosität weist daher auf einen hohen Verdichtungsgrad
hin, bei dem die Körner enger beieinander liegen als übereinander
und üblicherweise von einer hohen Scherfestigkeit des Sandes
begleitet werden.

Wenn die Körner gelockert werden, sind sie weiter voneinander
entfernt und können sich im Verhältnis zueinander leichter
verschieben. Sie können daher aufgrund einer zusätzlichen
Belastung oder Vibration näher zusammenrücken. Wir nennen dies
die „Verdichtung" von Sand. Während der Verdichtung von Sand
nimmt die Porosität ab.

Wenn die Körner zusammengepackt sind, ist es für sie schwieriger,
sich relativ zueinander zu verschieben. Für das Scheren von
verdichtetem Sand muss zuerst die Porosität des Sandes erhöht
werden.

1.3. Die Scherkraft von Sand.

Wenn ein bestimmtes Sandvolumen so belastet wird, daß oben in einer Richtung eine Scherkraft Fscher und unten in der entgegengesetzten Richtung eine gleiche Scherkraft Fscher vorhanden ist, dann verteilt das Sandvolumen bei einer ausreichend hohen Scherkraft Fscher sich in zwei separate Schichten.

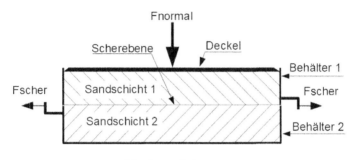

Direkter Schertest

Die beiden Teile des Sandvolumens sind durch eine sogenannte "Scherebene" getrennt. In dieser Ebene gleiten die Körner einer Schicht über die der anderen Schicht. In der Bodenmechanik nennen wir diese Verschiebung von zwei Sandschichten relativ zueinander, auch als „Sandkollaps" bekannt.

Eine solche Form des Scherens wird im "direkten Schertest" verwendet. Diese besteht aus zwei voneinander getrennten Schalen, die mit Sand gefüllt sind und einen separaten Deckel in der oberen Schale haben.
Auf diese Abdeckung kann eine Normalkraft Fnormal ausgeübt werden.
Das gemessene Verhältnis V = Fscher / Fnormal ist der Reibungsfaktor R des Sandes.

Im Fall von Sand wird dieser Reibungsfaktor als der Neigungswinkel φ ausgedrückt, der das Ergebnis der beiden Kräfte Fslide + Fnormal in Bezug auf die Normale zur Scherebene ergibt.

Es gilt folgende Formel:

R = Fscher / Fnormal = Tangente (φ)

Wir werden dies im Folgenden anhand eines praktischen Beispiels näher erläutern.
Hinweis: Eine Normale zu einer Ebene ist eine Linie, die senkrecht (= in einem Winkel von 90 Grad) zu dieser Ebene ist.

Der Winkel φ der inneren Reibung von Sand
Ein Beispiel für das Zusammenfallen von Sand durch Aktivieren des Winkels φ der inneren Reibung ist eine Box mit einem rauen Boden (z. B. geklebtem Sand), die über ein horizontales Sandbett gezogen wird. Siehe die Abbildung unten.

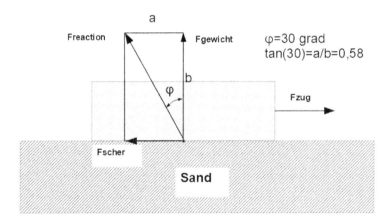

Princip des innere Reibung Winkel φ von Sand

Damit die Box gleitet, müssen Sie eine Zugkraft Fzug anwenden, die der Gleitkraft Fscher entspricht, die am Boden der Box durch die innere Reibung in der Oberfläche der Sandschicht erzeugt wird.

Die Größe der Scherkraft Fschere hängt von zwei Faktoren ab:
1 die vertikale Gewichtskraft F Gewicht, mit der die Box als Normalkraft Fn und auf die Sandschicht drückt
2 der innere Reibungswinkel φ des Sandes.

Die Gewichtskraft F eines Kastens mit der Masse m [kg] wird durch die Gravitationsbeschleunigung g verursacht. Der Wert für g beträgt 10 [m/s^2] auf der Erdoberfläche.

Es ist üblich, Kraft in der Einheit Newton auszudrücken. Die in Newton ausgedrückte Gewichtskraft F einer Masse von m [kg] beträgt:

$F = m \times g$ [Newton]

Die Reaktionskraft auf die Box ergibt sich aus der Addition der Scherkraft Fslide und der Normalkraft Fweight.
Wenn Sie zwei Kräfte addieren, müssen Sie sie vom Startpunkt zum Endpunkt nacheinander setzen, damit Sie die Größe und Richtung der resultierenden Kraft erhalten.
Aus der obigen Abbildung können wir ableiten:

Fgewicht + Fscher = b + a = Freaction

Die Abbildung zeigt, daß das Ergebnis von F-Scherung und F-Gewicht gleich Freaction ist und diese Kraft in einem Winkel φ zur „Normalen" auf der Scherebene steht.
Es gilt:

$F_{scher} = \tan(\varphi) \times F_{gewicht}$

So messen Sie den Winkel φ der inneren Reibung:
Sie können den Winkel der inneren Reibung mit dem obigen Schertest bestimmen. Sie können aber auch einen Drag-Test mit der obigen Box durchführen. Messen Sie das Gewicht Fgewicht der Box und messen Sie den erforderlichen Fscher. Bestimmen Sie dann den Winkel φ mit der folgenden Gleichung:

$\tan(\varphi) = F_{scher} / F_{gewicht}$

1.4. Die Wasserdurchlässigkeit von Sand

Eine Sandschicht eignet sich sehr gut zum Abwassern einer Baustelle. Wir nennen das "Entwässerung".
Sand besteht aus Körnern mit einem durchgehenden offenen Raum dazwischen in Form der Poren zwischen den Sandkörnern.
Dieser zusammenhängende Raum bildet sozusagen ein „Rohr", durch das das Wasser fließen kann. Da sich dieses Wasser am Boden befindet, nennen wir es „Grundwasser".
Das Wasser aus den Regenschauern kann daher leicht über eine Sandschicht beispielsweise zu einem tiefer liegenden Entwässerungsgraben abfließen.
Dies ist der Grund, warum beim Neubau von Häusern und Straßen immer viel Sand als Ersatz für den weniger gut fließenden Boden verwendet wird. Wir nennen diese Eigenschaft eines guten Flusses die „Durchlässigkeit" von Sand.

Es ist klar, daß die Permeabilität von der Größe der Poren und damit von der Größe der Körner abhängt.
Je größer die Körner sind, desto größer ist die Permeabilität.
Bitte beachten Sie: Dies betrifft die kleinsten Körner, die sich in den größeren Poren befinden!

Die Permeabilität wird üblicherweise durch den Buchstaben k angegeben und in der Geschwindigkeit V ausgedrückt, mit der eine Wasserschicht infolge eines vertikalen Gradienten i infolge eines Druckabfalls Δh über eine Länge Lz in eine Sandschicht einsinkt.

$$i = \Delta h / Lz$$
$$V = k \times i$$

Für Sand werden normalerweise k-Werte zwischen 0,001 mm / s und 1 mm / s gefunden.

Durchlässigkeitsmessung von Sand:

Sie können die Durchlässigkeit von Sand mit einem einfachen Test messen. Nehmen Sie dazu zwei gleiche Plastikflaschen, von denen Sie jeweils den Boden entfernen (siehe Zeichnung Durchlässigkeitstest etwas weiter in diesem Buch).

Testaufbau:

Hängen Sie Flasche A kopfüber unter den Gartenhahn und Flasche B kopfüber daneben.

Montieren Sie ein Rohr unten in der Nähe des Verschlusses von Flasche A und lassen Sie dieses Rohr über Flasche B herausfließen.

Messen Sie die Höhe des Tropfens Δh zwischen dem oberen Rand der Flasche A und der Ausflusshöhe des Rohrs.

In Flasche A legen Sie etwas feinen Kies auf den Boden, den Sie dann mit einem Taschentuch fest um die Flaschenwand legen. Das Taschentug dient als Filter gegen die Sandkörner.

Legen Sie eine Sandschicht auf diese Taschentug und messen Sie die Dicke L dieser Sandschicht.

Bringen Sie zwei Markierungsstreifen für die Stufen t1 und t2 auf Flasche B an.

Testausführung

Öffnen Sie den Gartenhahn so, daß er langsam fließt, während Flasche A kontinuierlich überläuft.

Halten Sie zum Zeitpunkt t1 die Flasche B unter den Strahl, der aus dem Rohr austritt, und drücken Sie gleichzeitig die Stoppuhr.

Sobald die Stufe t2 erreicht ist, entfernen Sie die Flasche B unter dem Rohr und halten Sie die Stoppuhr an.

Lesen Sie die Anzahl der Sekunden S zwischen t1 und t2 ab.

Berechnungen:

$$S = t2 - t1 \qquad [Sek]$$
$$Lw = \text{Stufe } t2 - \text{Stufe } t1 \qquad [m]$$
$$V = Lw/S \qquad [m/s]$$
$$i = \Delta h/Lz \qquad [-]$$
$$k = V/i \qquad [m/s]$$

VORSICHT !:
Die Geschwindigkeit V, die wir hier messen, ist die Geschwindigkeit, mit der die Wasseroberfläche in der Flasche B ansteigt. Diese Geschwindigkeit entspricht der Geschwindigkeit, mit der die Wasseroberfläche in Flasche B abfallen würde, sobald wir den Wasserhahn abstellen.
Diese Geschwindigkeit entspricht jedoch nicht der Geschwindigkeit des Wassers zwischen den Körnern! Der Raum zwischen den Körnern ist auf die Porosität n begrenzt und somit ist die Geschwindigkeit zwischen den Körnern eine Faktor 1/n höher!
Die tatsächliche Wassergeschwindigkeit q im Sand beträgt:

$$q = V/n \ [m/s]$$

Diese Geschwindigkeit q wird als "Filtergeschwindigkeit" bezeichnet. Wenn Sie mit einem dünnen Rohr etwas farbige Tinte auf den Sand auftragen, können Sie diese Filtergeschwindigkeit sehen.

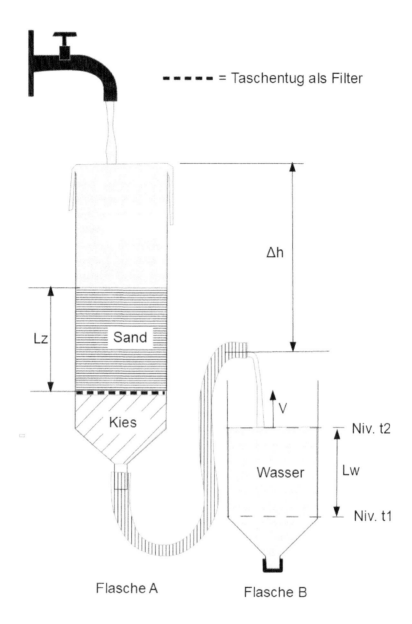

----- = Taschentug als Filter

Δh

Lz Sand

Kies

V

Niv. t2

Wasser Lw

Niv. t1

Flasche A Flasche B

Durchlässigkeitstest

2. Das Verhalten von Sand

2.1.   Trockener Sand

Wir können leicht trockenen Sand aufnehmen und in einer Schicht verteilen. Wir können es auch an einer Stelle ablegen, so daß es einen Berg bildet. Auffällig ist, daß dieser Berg nicht steiler als etwa 30 Grad wird. Es spielt keine Rolle, wie groß der Berg ist, in jedem Fall bleibt die maximale Neigung etwa 30 Grad.
Die Größe der Steigung entspricht dem Winkel φ der inneren Reibung, den wir in Abschnitt 1.3 beschrieben haben.

Analysieren wir den maximal erreichbaren Neigungswinkel α eines Haufens losen trockenen Sandes anhand eines einfachen Modells. Als Modell der obersten Sandschicht am Deichhang in einem Neigungswinkel α können wir die „Box" von Abschnitt 1.3 verwenden. nehmen.
Siehe Abbildung unten.

φ=30 grad
tg(φ)=a/b
Fnormal=Fgewicht x sinus(φ)
Max Fscher=Fnormal x tangent(φ)

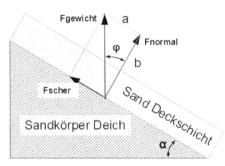

Maximaler Neigungswinkel φ eines Deichs aus trockenem Sand

Wenn wir beginnen, den Deich aus dem Neigungswinkel α = Null aufzubauen, nimmt der Neigungswinkel α des Deichs langsam zu. Gleichzeitig nimmt die Scherkraft, die die Deckschicht auf den Sandkörper des Deichs ausübt, infolge der Schwerkraft zu, bis ein bestimmter Maximalwert für die F-Scherung erreicht ist.

Dieses Maximum tritt auf, wenn der Neigungswinkel α den Winkel der inneren Reibung φ erreicht hat. Jeder Versuch, die Deichneigung (auch „die Steigung" genannt) steiler zu machen, führt dazu, daß die obere Schicht zusammenbricht, wobei der Teil, der steiler als der Winkel φ ist, zum Boden („der Zeh") der Steigung hinunterflie ßt. Es ist unmöglich, einen steileren Neigungswinkel als den Winkel φ aufzubauen!

Mit dieser Wissenschaft können wir den Winkel φ von trockenem Sand auf sehr einfache Weise messen:

1 Nehmen Sie eine glatte, ebene Tasse trockenen Sand.
2 Kippen Sie die Tasse langsam in einen größeren Winkel
3 Sobald der Sand auf der Oberfläche zu rollen beginnt, entspricht der Neigungswinkel dem Winkel φ der inneren Reibung des trockenen Sandes.

Versuchen Sie dies mit verschiedenen Sandverdichtungsstufen: Zuerst lose verstreut und dann wieder nach dem Verdichten des Sandes, indem Sie auf den Boden des Bechers auf dem Tisch klopfen und den Sand leicht stopfen.

Bei größerer Verdichtung wird der Winkel der inneren Reibung größer!

2.2. Kapillarspannung in nicht gesättigtem Sand

Das Grundwasser befindet sich in einer bestimmten Tiefe im Sand. Am Strand am Meer ist diese Tiefe nicht groß, da die Spitze des Grundwassers immer nahe am Meeresspiegel liegt. Oberhalb des Grundwasserspiegels befindet sich hauptsächlich Luft zwischen den Poren. An der Grenzfläche zwischen Wasser und Luft sind die inneren Poren zwischen den Sandkörnern teilweise mit Wasser und Luft gefüllt. Die Körner liegen nebeneinander und übereinander und auf der Kornoberfläche wird die Wasseroberfläche durch die Kapillaroberflächenspannung zwischen der Wasseroberfläche und der Oberfläche der Körner nach oben gezogen. Dies ist in der folgenden Abbildung dargestellt. Links ein Granulat häufen und rechts ein vertikaler Glassteig mit einem Innendurchmesser, der dem mittleren Porendurchmesser entspricht.

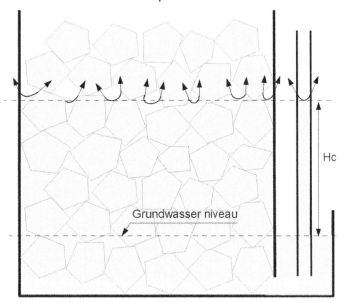

Bodenkapillarspannung Hc

Alle Oberflächenspannungen zusammen ergeben eine durchschnittliche Aufwärtsspannung Hc an der Wasseroberfläche zwischen den Körnern, wodurch der durchschnittliche Grundwasserspiegel über eine Entfernung von Hc [m] nach oben gesogen wird. Wir nennen Hc die hier in Metern Wassersäule [mwc] ausgedrückte kapillare Bodenspannung.

NB: Kurze Erklärung der Bedeutung einer Spannung in Metern Wassersäule [mwc]:
Eine Spannung (Druck oder Unterdruck) von 1 mwc entspricht einer Spannung infolge der in Newton [N] ausgedrückten Gewichtskraft G von 1 [m3] Wasser auf einer Oberfläche von 1 m2. Bei einer Wasserdichtigkeit von D = 1000 kg / m3 ist G = g x 1000 [N].

$$1 \text{ [mwc]} = 1 \times g \times 1000 \quad [N/m^2]$$
$$= 1 \times 10\,000 \quad [N/m^2]$$
$$= 1 \times 10 \quad [kPa]$$

Hier sehen wir eine weitere häufig verwendete Einheit für Spannung und Druck, in „Pascal", ausgedrückt in $[N/m^2]$. Dies wird als Pa abgekürzt. Das Präfix k bedeutet einen Faktor von 1000.

Die auf das Wasser nach oben gerichtete Spannung Hc wird durch die Kornschicht bereitgestellt, die auf dem vorherrschenden Grundwasserspiegel liegt. Diese Körner werden wiederum mit einer Spannung Hc nach unten gezogen, wodurch eine zusätzliche vertikale Kornspannung im Sand von Hc [mwk] oder 10 × Hc [kPa] erzeugt wird.

Wenn wir mit unseren Händen aus nassem Sand einen Ball machen, fühlt sich ein solcher Ball schnell sehr fest an, nachdem wir vor etwas Wasser weggelaufen sind. Das gleiche Phänomen wie oben beschrieben tritt hier auf, aber jetzt über die gesamte Oberfläche des Sandballs! Überall treten nach außen gerichtete Kapillarwasserdrücke auf und gleichzeitig auch gleich große nach innen gerichtete Korndrücke, die eine wesentliche Verstärkung der Sandkugel gewährleisten.

Es ist dieses Phänomen, das es uns ermöglicht, schöne solide und sogar sehr steile Deiche und Burgmauern in kleinem Maßstab am Strand mit einem Neigungswinkel von bis zu 90 Grad zu bauen!

In der Literatur finden wir folgende Werte für diese Kapillarspannung in Abhängigkeit von der Größe des Korndurchmessers:

Sandart	Korndurchmesser (mm)	Kapillarspannung Hc (mws)
Grob	1-0,5 mm	0,02-0,05
Mittel fein bis grob	0,25-0,5 mm	0,12-0,35
Schlamm	0,016-0,031 mm	0,70-1,50
Lehm	<0,004	2-4 oder mehr!

NB: mwc = Meter Wassersäulenwasserdruck

Also: Je feiner die Körner, desto höher die Kapillarspannung. Im Durchschnitt liegt die Kapillarspannung von mittelfeinem Strandsand in der Größenordnung von 0,2 [mws].

In der Praxis ist der Übergang von nassem zu trockenem Sand nicht so abrupt wie oben beschrieben. Dies liegt daran, daß es normalerweise einen Bereich unterschiedlicher Korndurchmesser gibt. Es gibt normalerweise auch einen unterschiedlichen Grundwasserspiegel. Dies hat zur Folge, daß Körner eine beträchtliche Schichtdicke aufweisen, in der an den gegenseitigen Kontaktpunkten zwischen den Körnern noch viele Wassertropfen vorhanden sind.

Diese Tropfen werden durch die Kapillarwasserspannungen an Ort und Stelle gehalten und ziehen jeweils zwei Körnchen mit der gleichen Kapillarspannung aufeinander zu, und das geschieht an allen Kontaktpunkten!
Jetzt gibt es also keine einzige Körnerschicht mehr, an der das Wasser hängt, sondern alle Körner ziehen sich gegenseitig an und das in alle Richtungen! Das macht einen Sandball noch fester!

2.3.   Das Messen der Kapillarspannung im Sand.

Am Strand können Sie die Kapillarspannung des Sandes selbst
messen.
Wenn Sie vom Meer kommen, kommen Sie zu dem Strandstreifen,
der nass aussieht, aber nicht wie bei völlig nassem Sand glänzt.
Wo sich dieser Streifen in trockenen Sand verwandelt, ist die
Kapillarspannung an der Sandoberfläche maximal.
Hier wird das Meerwasser zwischen den Körnern durch die
Kapillarspannung so stark nach oben gesogen, das es nur oben an
der Oberfläche der Strandsandschicht hängt.

Wenn Sie hier ein Loch bis zu der Tiefe graben, in der Sie den
Grundwasserspiegel erreichen, entspricht die vertikale Höhe Hc
zwischen dem Wasserspiegel und der Oberseite des feuchten
Sandes der Kapillar Anstieg Höhe Hc in Metern Wassersäule.

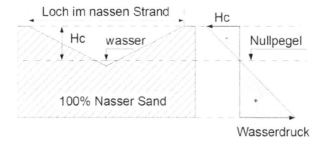

Messung Kapillaranstiegshöhe Hc

Die gemessene Höhe Hc ist die Kapillar Anstiegshöhe oder
Spannung Sc in Metern Wassersäule.

Eine weitere häufig verwendete Druckeinheit ist der „Pascal".
Dies wird als Pa abgekürzt.

Der Druck oder Porendruck Sc am Boden einer Säule mit der Höhe Hc mit der Dichte Dwasser = 1000 [kg/m^3] ist:

Sc = Dwasser x g x Hc [Pa]

Die Dichte des Wassers: Wasser = 1000   [kg/m^3]
Erdbeschleunigung g: g   = 10   [m/s^2].

Da an der oberen Körnerschicht eine Wassersäule mit der Höhe Hc hängt, ist der lokale Wasserdruck oben gleich –Hc. Der Wasserdruck dort ist daher negativ, was bedeutet, daß ein Unterdruck oder eine Absaugung vorliegt!

An der Oberseite der Sandschicht gibt es daher eine vertikale Spannung Sc, die auf die Körner nach unten gerichtet ist. Diese zusätzliche vertikale Kornspannung stellt sicher, daß der obere Teil der Sandschicht fester ist und lokal höheren Belastungen ausgesetzt werden kann, bevor der Sand seitlich zusammenzufallen beginnt. Also man läuft besser drauf.

Sitzsack:
Ein ähnlicher straffender Effekt aufgrund einer zusätzlichen Kornspannung tritt auch bei einem sogenannten "Sitzsack" (englisch: beanbag) auf, der mit einem leichtkörnigen Material gefüllt ist. Dies sind zum Beispiel kleine quietschende Schaumkugeln oder englische getrocknete Bohnen!
Solange das Oberflächentuch keine Spannung aufweist, wird kein Druck auf die Oberflächenschicht der Kugeln ausgeübt. In dieser Situation können Sie den Beutel leicht verformen, da das Granulat fast keinen Widerstand bietet.

Sobald das Tuch des Beutels noch etwas straffer und gleichzeitig leicht gebogen ist, entsteht sofort eine innere "Kornspannung" im Beutel. Dies schafft Widerstand und Sie können sogar auf der Beutel sitzen!

Anscheinend können Sie mit der geringen Kornspannung an den Kugeln, die durch die Spannung des gebogenen Stoffes entsteht, aufgrund des Gewichts Ihres Körpers eine viel größere Spannung aufnehmen!
Wir werden später ausführlich auf dieses Phänomen zurückkommen.

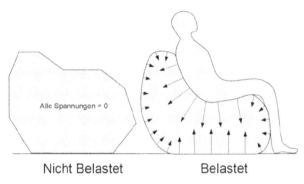

Nicht Belastet   Belastet

Spannungszustand in einem Sitzsack

Zurück zum Strand:
Angenommen, Sie haben in der Grube am Strand eine Kapillarhöhe von H_c = 0,2 [m] gemessen. Die kapillare Bodenspannung beträgt dann: S_c = 0,2 [mwc] oder 2 [kPa].

Über die Kontakte zwischen den Körnern wirkt diese zusätzliche vertikale Kornspannung als Konstante über die gesamte Tiefe der Sandschicht.

Am oberen Ende der Sandschicht hat diese zusätzliche vertikale Belastung proportional den größten Effekt, da dort die vertikale Kornspannung von null auf 2 [kPa] ansteigt!
In größerer Tiefe war bereits eine große Kornspannung vorhanden, und der konstante Beitrag von 2 [kPa] hat daher einen relativ geringen Einfluß.

Erklärt die Kapillarspannung auch, warum es empfehlenswert ist, etwas Wasser in den Sand zu geben, wenn Sie ihn zusammenpressen müssen, beispielsweise als Substrat für einen Plattenweg? Durch Stampfen möchten Sie dem Sand eine höhere Dichte verleihen, damit er eine festere Oberfläche für die Platten bildet. Immerhin helfen die Kapillarkräfte des Wassers bei der Verdichtung? Oder wirken die gleichen Kapillarkräfte der Bewegung der Körner entlang entgegen, die für die Verdichtung notwendig ist?

Um diese Fragen zu beantworten, können Sie die folgenden Tests durchführen.

Verdichtungstest
Für diese Tests benötigen Sie einen stabilen Behälter und einen Stößel, zum Beispiel einen eisernen Trinkbecher und den Griff eines Hammers.

Füllen Sie den Becher bis zum Rand in Schichten von etwa 2 [cm] mit Sand und verdichten Sie jede Schicht mit Hilfe eines Stampfers, indem Sie die neue Sandschicht eine feste Anzahl von Malen, beispielsweise 10 Mal, stopfen. Füllen Sie den Behälter jedes Mal nach, bis er mehr als vollständig gefüllt und gestopft ist. Schieben Sie dann den Sand flach mit einer geraden Lamelle bis zum Rand des Bechers. Um die Dichte nur des gestampften Sandes in der Schale zu bestimmen, trocknen Sie den Sandinhalt der Schale auf einem Backblech in einem heißen Ofen bei 110 Grad nach dem Stampfen. Nach gründlichem Abkühlen die Sandprobe auf der Küchenwaage wiegen.

Führen Sie diesen Test auf trockenem und feuchtem Sand durch. Sie können die Luftfeuchtigkeit variieren, indem Sie an den trockenen Sand 1 oder mehr Löffel Wasser hinzufügen. Wenn Sie auf diese Weise mehrere Feuchtigkeitsgehalte getestet und die entsprechende Dichte für jeden Test berechnet haben, werden Sie feststellen, daß bei einem bestimmten Wassergehalt eine maximale Dichte auftritt.

NB: Für eine gute gegenseitige Vergleichbarkeit der Tests ist es wichtig, das Sie die Anzahl der Stanzbewegungen pro Schicht und die Schichtdicken gleich halten. Der oben beschriebene Test heißt: "The Proctor Test".

Tippe:
Wenn Sie Straßenplatten auf eine möglichst feste Sandoberfläche legen möchten (mit der geringsten Wahrscheinlichkeit eines

Absinkens), verwenden Sie am besten den Sand mit dem Wassergehalt, der der maximalen Dichte entspricht!

3. Die maximale Höhe der Sandburgmauer

Wenn Sie eine Sandburg bauen wollen, ist es natürlich schön, sie so hoch wie möglich zu halten und die Wahrscheinlichkeit eines Zusammenbruchs zu minimieren. Mit den Daten aus den vorhergehenden Absätzen können wir ein Berechnungsmodell erstellen, mit dem wir die maximal mögliche Höhe („Hwand") einer Modellsandburg berechnen können.

Angenommen, wir haben mittelfeinen bis mittelgroben Sand.
Dieser Sand hat eine Kapillarspannung Hc = 2 [kPa].
Stellen Sie sich eine vertikale Wand mit einer Höhe H aus fast 100% nassem Sand mit einer Dichte von Dnass vor.

Mit einer gemeinsamen Porosität n von beispielsweise n = 40% können wir Meerwasser mit einer durchschnittlichen Dichte erhalten Dzw = 1025 [kg / m3] Berechnen Sie die Dichte D nass von nassem Sand:

$$Dnass = (1-n) \times 2650 + n \times 1025 = 2000 \ [kg/m^3]$$

An der Basis der Wand kann die vertikale Kornspannung Sv aufgrund des Gewichts einer Wand mit der Höhe Hwall nach folgender Formel berechnet werden:

$$Sv = Dnass \ x \ g \ x \ Hwand$$

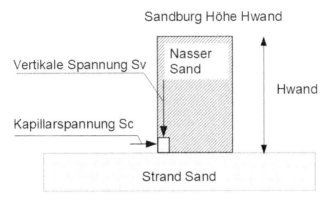

Spannungsmodell in der Burgmauer

Frage:
Wir möchten wissen, in welcher maximalen Höhe die Wand einstürzen wird. Die Höhe der Wand bestimmt die vertikale Kornspannung Sv im Sand. Die größte vertikale Kornspannung tritt am Boden der Wand auf.
Die Frage ist, wie hoch die maximal zulässige vertikale Kornspannung Sv ist, bei der der Sand an der Basis der Sandwand angesichts der verfügbaren horizontalen Kapillarstützspannung Sh=Sc zusammenbricht.

Um diese Frage zu beantworten, müssen wir zunächst einige Grundkenntnisse der „Bodenmechanik" erwerben. Bodenmechanik ist die Lehre von der Mechanik des Bodens. Es beschreibt die Bodeneigenschaften und die Art und Weise, wie sie unter anderem anhand der Bodenfestigkeit berechnet werden können. Der Begriff Boden steht für Sand, Ton und Gestein. In unserem Fall beschränken wir uns auf Sand. Dieser Teil des Textes dürfte für Laien etwas schwieriger sein und ist kursiv markiert, damit das Ende schnell in Sicht ist!

3.1.   Grundkenntnisse der Bodenmechanik

Wir untersuchen einen imaginären Würfel mit trockenem Sand mit einer horizontalen Boden- und Oberseite und 4 vertikalen Seitenflächen senkrecht zueinander. Eine solche Ebene durch ein Kornmedium ist imaginär, weil sie eine große Anzahl von Körnern durchschneidet. Dies steht im Gegensatz zu einer Wand eines würfelförmigen Behälters mit Sand, an der alle Körner an der Wand anliegen.

Wir platzieren eine horizontale Spannung Sh senkrecht zu diesen Seitenebenen und eine vertikale Spannung Sv senkrecht zur unteren und oberen Ebene.

Spannungen senkrecht zu einer Ebene werden als Normalspannungen bezeichnet, und Spannungen in einer Ebene werden als Scherspannungen bezeichnet.

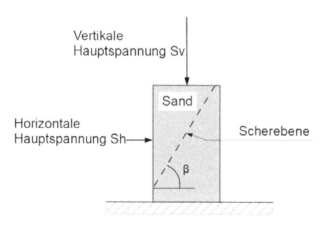

Spannungsmodell des kollabierenden Sandes

Wenn eine Oberfläche keine Scherspannung aufweist, sondern nur eine normale Spannung, nennen wir diese Spannung eine "Hauptspannung".
Die Spannungen Sh und Sv sind daher beide "Hauptspannungen".

Wenn wir die vertikale Spannung Sv bei einer konstanten horizontalen Spannung erhöhen, kollabiert zu einem bestimmten Zeitpunkt die Oberseite der Probe auf eine bestimmte Weise. Wir nennen das "Zusammenbruch".
In der Probe wird bei einen Winkel β eine schräge Ebene gebildet an dem der obere Teil nach unten gleitet,.
 Wir nennen dies die „Fließfläche".

FrageA:
Wenn die vertikale Hauptspannung Sv zunimmt, was ist der maximal mögliche Wert des Verhältnisses Sv/Sh zum Zeitpunkt des Zusammenbruchs des Sandes?

Mohrs Kreisspannungsmodell
Zur Beantwortung dieser Frage verwenden wir die Theorie des Mohrschen Kreises. Bei dieser Theorie werden die Spannungen im Sand in einer Abbildung als Pfeile vom Ursprung zu einem Kreis dargestellt. Siehe Abbildung unten.

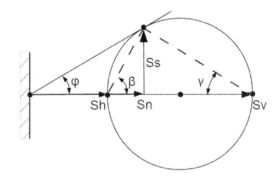

Mohrs Kreisspannungsmodell zum Kollabieren von Sand

Der äußerste linke Punkt des Kreises wird als "Mittelpunkt der Ebenen" bezeichnet, und dieser Punkt stellt die kleinste Hauptspannung Sh dar. Der Punkt ganz rechts stellt die größte Hauptspannung Sv dar. Diese Spannungen treten jeweils in einer vertikalen und einer horizontalen Ebene im Sandkörper auf.

Die Spannung auf einer Ebene im Sand, die unter einem bestimmten Winkel α mit der Richtung der horizontalen Hauptspannung steht,

lässt sich ermitteln, indem man von diesem Richtungsmittelpunkt bei Sh eine Linie unter demselben Winkel α mit der horizontalen Achse im Mohrschen Kreis zieht.
Am zweiten Schnittpunkt mit dem Kreis lässt sich dann der Spannungszustand (Normal- und Scherspannung) ermitteln, der in dieser Ebene herrscht.

In der Abbildung sind die beiden Hauptspannungen Sv und Sh auf der horizontalen Achse eingezeichnet. Beide wirken senkrecht zur horizontalen bzw. vertikalen Fläche durch den Sand. Diese Ebenen werden durch die Ebene durch den Ursprung auf der linken Seite der Abbildung dargestellt.

Der Kollaps tritt ein, wenn der Durchmesser D des Kreises so groß wird, dass der Kreis die Kollapshülle unter dem Winkel φ berührt. An diesem Spannungspunkt gilt der Winkel β für die Scherebene, und eine Normalspannung Sn liegt auf dieser Ebene und die Schubspannung Ss liegt in dieser Ebene.

Beispiele für Ebenen in verschiedenen Winkeln:
Horizontale Ebene unter dem Winkel β=0 → Spannung in dieser Ebene ist Sv
Vertikale Ebene unter dem Winkel β=90 Grad. → Die Spannung in dieser Ebene ist Sh

Die schraffierte Linie im Winkel β, die im Diagramm eingezeichnet ist, endet an der Berührungsstelle mit der Hülle, an der der Kollaps stattfindet:.
In der Ebene unter dem Winkel β gibt es die Kollapsnormalspannung Sn und die Kollapsschubspannung Ss

Aus den obigen Ausführungen geht hervor, dass der Mohrsche Kreis für die Versagensbedingung durch drei Punkte verläuft:

1: die horizontale Hauptspannung Sh
2: Die vertikale Hauptspannung Sv
3: Der Berührungspunkt mit der Einhüllenden unter dem Winkel φ

Damit ist der Kreis bekannt und das Verhältnis der Hauptspannungen Sv / Sh kann abgeleitet werden:

$$Sv/Sh = (1 + \sin(\varphi)) / (1 - \sin(\varphi))$$

Es sind zwei Situationen des Bodenversagens möglich, jede mit ihrem eigenen Scherflächenwinkel:

1 Aktiver Kollaps
2 Passiver Kollaps

1 Sv/Sh-Verhältnis für aktiven Kollaps:
Bei φ = 30 Grad beträgt dieses Verhältnis:

$$Sv / Sh = 3$$

In diesem Fall ist die vertikale Spannung Sv im Moment des Einsturzes am größten, und die Schwerkraft unterstützt die Scherbewegung beim Einsturz. Der Boden wird mit Hilfe der Schwerkraft entlang der Scherebene nach unten gedrückt.
Dieser Fall von Einsturz wird als "aktiver Einsturz" bezeichnet, was bedeutet, dass die Schwerkraft aktiv beteiligt ist.
Die Scherebene bildet einen Winkel β mit der Horizontalen:

$$\beta = 45 + \varphi/2 = 60 \text{ [Grad]}.$$

2 Verhältnis Sh/Sv bei passivem Kollaps:
Das Gegenteil ist der Fall, wenn die horizontale Hauptspannung Sh die größte und die vertikale Hauptspannung Sv die kleinste Hauptspannung ist. Daraus ergibt sich das Verhältnis:

$$Sh/Sv = 3$$

In diesem Fall wird der Boden entlang der Scherebene gegen die Schwerkraft nach oben gedrückt. Dies wird als "passiver Kollaps" bezeichnet.
Die Scherebene bildet einen Winkel γ mit der Horizontalen:

$$γ = 45 - φ/2 = 30 \text{ [Grad]}.$$

Diese Situation tritt ein, wenn ein Bulldozer gegen eine ausgedehnte horizontale Sandschicht stößt. Die Schicht als Ganzes gibt nicht nach. Die Planierraupe schiebt nur den ersten Teil der Schicht vor sich her und zwar nicht horizontal, sondern schräg nach oben entlang einer Scherebene in einem Winkel von γ = 30 Grad.

Schlussfolgerung:
Das Verhältnis Sv/Sh hängt von der Art des Versagens ab (aktiv oder passiv) und ist gleich 3 bzw. 1/3.

3.2.   Anwendung der Bodenmechanik

Wir haben jetzt gelernt, daß Sand mit einem inneren Reibungswinkel φ = 30 Grad versagt, wenn eine der Hauptspannungen so erhöht (oder verringert) wird, daß das Verhältnis zwischen den beiden Hauptspannungen größer als 3 wird.

Wir können diese einfache Regel von Sv/Sh = 3 auf unser Wandproblem anwenden, da dort Sv zunimmt, bis ein Fehler auftritt und somit ein aktiver Fehler auftritt.

Für die horizontale Spannung Sh nehmen wir die Kapillarspannung:

$$Hc = 2\ [kPa]$$

Wir heben die Wand in unserem Kopf an, also erhöhen wir die vertikale Spannung Sv. Die maximale vertikale Spannung Svmax, bei der ein Fehler auftritt, wird nun:

$$Svmax = 3 \times Sh = 3 \times Hc$$

Wir können auch die vertikale Spannung Svwall als Funktion der Höhe Hwall der Wand schreiben:

$$Svwand = Dnass \times g \times Hwand$$

Die Kombination der letzten beiden Gleichungen ergibt:

$$Hwand = 3 \times Hc\ /\ (Dnass \times g)$$
$$= 3 \times 2000\ /\ (2000)$$
$$= 0{,}3\ [m]$$

Aufgrund dieses Berechnungsergebnisses können maximal 30 cm hohe Burgmauern errichtet werden!

Wenn wir unterschiedlichen Sand nehmen, zum Beispiel den viel feineren Schlick mit einer kritischen kapillaren Bodenspannung von etwa 1 [mwc], können wir unsere vertikale Wand 5-mal höher auf 1,5 [m] bauen!

Fazit:
Um sehr hohe Sandburgen bauen zu können, ist es sehr wichtig, daß der Strandsand nicht zu grobkörnig ist.
Der schönste Strand für Sandburgen ist ein Strand mit feinem Sand. Feiner Sand hat einen kleinen Korndurchmesser mit kleinen Poren und damit eine hohe Kapillarspannung. Es ermöglicht daher hohe Burgmauern.
Es ist daher sehr wichtig, im Voraus zu prüfen, wie groß der Korndurchmesser des Strandsandes an Ihrem Urlaubsziel ist!

Tropfenden Sand bilden
Das hier beschriebene Phänomen der Stabilisierung von Sand wird unterstützt durch die kapillare Bodenspannung. Diese tritt auch in extremem Maße auf bei der Herstellung von Tropfsandformen.
Indem Sie langsam nassen Sand in einer Position von Ihren Händen tropfen lassen, sammeln sich die Sandkörner übereinander an, während gleichzeitig das Wasser zwischen den Körnern durch die Schwerkraft sehr schnell abgelassen wird.
Dies hat zur Folge, daß ein kleiner Haufen feuchten Sandes dort verbleibt, wo die stabilisierende kapillare Bodenspannung genau wie die Oberfläche aktiv ist.

Die gegenwärtige kapillare Bodenspannung verursacht hier zwei Dinge:

1   Der Sandberg wird durch die kapillare Bodenspannung stabilisiert.

2   Aufgrund der kapillaren Bodenspannung wird das Wasser, das mit dem Sand auf den Berg tropft, sehr schnell extrahiert. Immerhin ist der Wasserdruck direkt unter der Sandoberfläche negativ!

4. Das gestrandete "Ever Given" wegziehen

Manchmal kommt es vor, daß ein Schiff gestrandet ist.
Normalerweise ist das Schiff dann mit seinem Bug am Strand,
während die Rückseite des Schiffes noch flott ist. Dies ist auch bei
kleineren Booten der Fall, die am Strand entlang eingesetzt werden.
In Ermangelung eines echten Hafens wird das Boot mit dem Bug so
weit wie möglich auf den Strand gezogen.
Manchmal ist es aufgrund der großen Reibungskraft zwischen Sand
und Boot schwierig, das Boot wieder loszuziehen, zum Beispiel weil
es Ebbe geworden ist.

Sie können dieses Problem mit dem folgenden Trick lösen:
Drehen Sie das Boot in einer horizontalen Ebene um den Bug,
während Sie das Boot zur See herausziehen.

Daß dies tatsächlich ein kluger Trick ist, ergibt sich aus der folgenden
Überlegung:

Durch Hin- und Herziehen auf der Rückseite des Bootes können Sie
eine Drehbewegung um den Bug auslösen. Sobald sich das Boot
dreht, ist der Einsturzzustand des Bodens in der obersten
Sandschicht unter dem Bug erreicht. Dies bedeutet, daß der Boden
an Ort und Stelle gleitet und daß jede zusätzliche horizontale Kraft
auf den Bug sofort auch eine zusätzliche Bewegung in Richtung
dieser Kraft verursacht. Der Bug kann somit mit relativ wenig
zusätzlicher Kraft zurück zum Meer bewegt werden!

Zur Verdeutlichung: Das gleiche Phänomen tritt auf, wenn ein runder
Stift aus dem Boden gezogen wird. Durch Drehen des Stifts wird der
Sand um den Stift in den Kollapszustand gebracht und die
erforderliche vertikale Zugkraft ist erheblich geringer!

Beispiel: Die Verseilung des Ever Given

Ein aktuelles Beispiel, bei dem dieser Trick angewendet wurde, ist die Strandung des Ever Given im Suezkanal. Das Schiff ist 400 m lang und 60 m breit und befindet sich ungefähr 60 m an der Seite des Kanals. Die Masse des Schiffes beträgt 220.000 Tonnen und die vertikale Kraft, mit der der Bug auf den Sand drückt, wird auf 20.000 Tonnen geschätzt. Bei einem Reibungswinkel φ = 30 Grad folgt dann mit Hilfe der tan (30) = 0,5:

$$\text{Scherkraft } F = 0,5 \times 20.000 = 10.000 \text{ Tonnen.}$$

Die Oberfläche, mit der der Bug auf dem Sand liegt, liegt dann in der Größenordnung:

$$O = 60 \times 60 = 3600 \text{ m}^2$$

Da wir das Schiff drehen werden, können wir die Gleitebene am besten mit der Form eines Kreises mit durchmesser D und der gleichen Fläche O approximieren:

$$O = 1/4 \times pi \times D^2$$

Mit D = Quadratwurzel (4 x 3600 / pi) = 68 [m] sind beide Flächen gleich. Wenn wir annehmen, daß die Scherkräfte unabhängig von der Geschwindigkeit sind, sind die Scherkräfte innerhalb dieses Kreises pro Flächeneinheit konstant. Die Richtung der lokalen Scherkräfte ist überall senkrecht zum Radius des Kreises. Wir können den Kreis sehen, der aus vielen kleineren Teilen mit jeweils einer Gesamtscherkraft von ΔF besteht.

Wir haben oben bereits eine Schätzung für die Gesamtscherkraft F von 10.000 [Tonnen] gegeben. Während der Drehbewegung ist der Kollapszustand über den gesamten Kreis vorhanden und daher ist die gleiche Gesamtscherkraft aktiv.

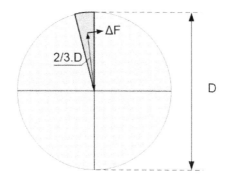

Der Bug Scheroberflach Kreis in kleinere Teile geteilt

Die Scherkräfte ΔF wirken hier jedoch als Drehmoment um den Mittelpunkt des Kreises mit dem Radius D. Wir können jedes Teil mit einer dreieckigen Form mit einer Seitenlänge approximieren, die dem Radius D / 2 = 34 [m] entspricht.

Die Scherkraft ΔF jedes Teils wirkt auf den Schwerpunkt des Dreiecks und liegt bei 2/3 des Radius, also 22,6 [m] vom Mittelpunkt des Kreises entfernt. Das Drehmoment M, das durch die Gesamtscherkraft von 10.000 Tonnen geliefert wird, ist jetzt:

$$M = 10.000 \times 22,6 = 226.000 \text{ [Ton x m]}$$

Das Schiff ist insgesamt 400 [m] lang, sodaß der Abstand zwischen der Mitte des Scherkreises unter dem Bug und den Poller auf dem Achterdeck ungefähr 350 m beträgt. Um das Drehmoment für die Scherkräfte bereitzustellen, ist eine quer zum Schiff gerichtete Zugkraft-F-Tor an der Rückseite des Schiffes erforderlich in Höhe von:

$$F_{zaun} = 226.000 / 350 = 645 \text{ [Tonnen]}$$

Diese Kraft ist erheblich geringer als die Zugkraft von F_{bug} = 10.000 Tonnen, die Sie benötigen würden, um den Bogen ohne die Drehbewegung zu glätten!

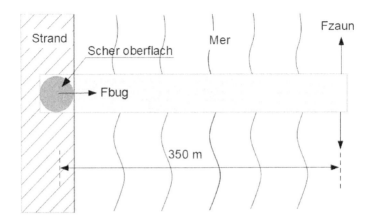

Prinzip der „Rotationsmethode"

Ein Versuch mit der Rotationmethode:
Die oben beschriebene Lösung kann leicht in einem Versuch mit einem kleinen Modellschiff nachgeahmt werden. Da Sand und Wasser verwendet werden, ist es am besten, diesen Test draußen auf einem Gartentisch durchzuführen.

Ressourcen benötigt:
Nehmen Sie als Modell des Schiffes eine 2 cm dicke Planke mit einer Breite von 12 cm und einer Länge von 80 cm. Diese Planke ist unser Modell des Schiffes im Längenmaßstab von 1: 500.

Um die Zugkraft auf einfache Weise auf das Modellschiff ausüben zu können, muß das Modellschiff quer zur Tischkante liegen.

Legen Sie die Bug Seite des Modellschiffs auf eine Schicht trockenen Sandes und die Heckseite auf Rollen, z. B. runde Stifte. Legen Sie zuerst zwei Rollen in Querrichtung des Modellschiffs so ein, daß Sie das Schiff leicht rückwärts über diese Rollen bewegen können.

Legen Sie dann eine dünne Platte (z. B. Sperrholz) auf diese Rollen und legen Sie eine weitere Rolle auf diese Platte, dann jedoch in Längsrichtung des Modellschiffs, damit das Heck leicht hin und her bewegt werden kann. (siehe Zeichnung unten).

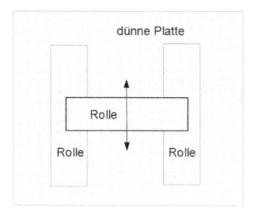

dünne Platte

Rolle

Rolle · Rolle

Obenansicht

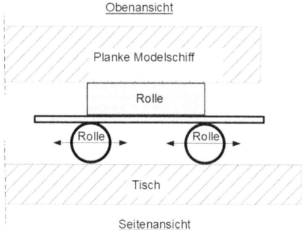

Planke Modelschiff

Rolle

Rolle · Rolle

Tisch

Seitenansicht

Stellen Sie sicher, daß die Dicke der Sandschicht und des Rollenpakets ungefähr gleich ist.

Befestigen Sie einen Nagel an der Seite des Modellschiffs am Bug mit einem etwa 1 m langen flexiblen Seil. Befestigen Sie ein Gewicht in Form einer Plastikwasserflasche an dieser Schnur. Lassen Sie die Flasche an der Schnur über die Tischkante hängen. Durch Füllen der Flasche bis zu einem bestimmten Grad können wir die Widerstandskraft in der Schnur variieren. Markieren Sie eine cm-Skala auf der Flasche mit einem Filzstift mit dem Nullwert am Boden der Flasche.

Die Tischkante muß so rund und glatt wie möglich sein, damit die gesamte Gewichtskraft der Flasche auf den Bug wirkt. Wenn nötig, stellen Sie aus Lego ein leitgängiges Umlenkrad her, das Sie an einer stabilen Eck Form von Lego montieren. Durch die Zugkraft der Schnurwird das Umlenkrad auf die Ecke des Tisches gedrückt. Mit Hilfe einer zweiten Plastikwasserflasche mit cm-Verteilung können wir auch die vertikale Kraft, mit der der Bug des Modellschiffs auf dem Sand liegt, leicht variieren. Wir legen das auf den Bug.

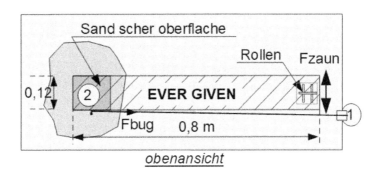

obenansicht

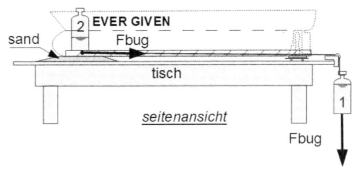

seitenansicht

Testausführung

Schritt 1:
Beginnen Sie zunächst mit einem Test, bei dem Sie die hängende Flasche vollständig gefüllt haben und die Flasche am Bug noch leer ist.
Wenn die volle Flasche an der Schleppleine zu wenig Gewicht hat, müssen Sie eine größere Flasche an die Schleppleine hängen, bis eine Bewegung auftritt.

Schritt 2:
Füllen Sie die Flasche 2 am Bug, z. B. 3 cm, und prüfen Sie, ob sich das Schiff nach dem Aufbringen der Schleppkraft F infolge der hängenden vollen Flasche 1 noch bewegt.
Wiederholen Sie diesen Test mit schrittweisem Nachfüllen von Flasche 2. Sobald sich das Schiff nicht mehr bewegt, haben wir das maximale Gesamtgewicht des Bugs ermittelt, das wir nur mit der voll hängenden Flasche 1 ziehen können.

Schritt 3:
Wir werden jetzt den Effekt der Rotationsbewegung testen:
Reduzieren Sie beispielsweise die Füllung der hängenden Flasche 1 um die Hälfte und bewegen Sie das Regal über der Rolle hin und her.
1 Wenn sich keine Bewegung in Richtung der Schleppleine ergibt, erhöhen Sie den Wasserstand in der hängenden Flasche und führen Sie den Test erneut durch.
2 Wenn eine Bewegung auftritt, senken Sie den Wasserstand in der hängenden Flasche und führen Sie den Test erneut durch.

Wiederholen Sie diesen Test, bis keine Bewegung mehr in Widerstandsrichtung stattfindet.

Schritt 4:
Bestimmen Sie den in der Hängende Flasche 1 verbleibenden Wasserinhalt am Ende von Schritt 3 und wiegen Sie das reduzierte Gewicht (Gred) dieser Hängeflasche auf einer Küchenwaage.
Bestimmen Sie auch das Gewicht Gvoll einer vollen Flasche.
Berechnen Sie den Reduktionsfaktor Kreduktion in der erforderlichen Zugkraft, um das Modellschiff abzuziehen:

$$Reduktion = Gred / Gvoll \times 100\%$$

Siehe hier den Beweis des Satzes:

"Wer nicht stark ist, muss schlau sein!"

5. Das Verhalten von Sand unter Wasser

5.1. "Trockene" Fußabdrücke beim Strandspaziergang

Wenn Sie entlang der Küste auf dem noch feuchten Sandabschnitt gehen, sehen Sie einen Bereich, der vorübergehend um jeden Schritt "trocken" ist. Ihr Fuß sinkt (anfangs) kaum in die Sandschicht. Was ist die Ursache für dieses Phänomen?

Was passiert im Sand:
Sand hat einen gewissen Verdichtungsgrad, der von sehr locker bis sehr dicht variiert. Trockener Sand, der vom Wind weggeblasen und in den Dünen angesiedelt wird, ist sehr locker gepackt. Sand in der Wellenzone entlang der Küste ist dicht gepackt, da er durch die Wellenbewegung verdichtet wurde.

Das Verhalten von Sand und Wasser ist je nach Verdichtungsgrad sehr unterschiedlich. Mit verdichtetem Sand fügen sich die Körner gut zusammen und können nicht leicht aneinander vorbeigleiten. Bei locker gepacktem Sand sind die Körner weiter voneinander entfernt und das Volumen dieses Sandes ist daher weniger fest zusammengefügt.

Wenn Sand unter Ihren Fuß zusammengepreßt wird, so daß er kollabiert, treten mehrere kollabierende Scherflächen auf. Es gibt dann eher eine Scherzone oder einen Kollapsbereich anstelle einer Kollaps fläche.

Bei dicht gepacktem Sand ist das Abrutschen während des Zusammenbruchs schwieriger als bei locker gepacktem Sand. Bei dicht gepacktem Sand muss zuerst zusätzlicher Raum zwischen den Körnern geschaffen werden, bevor sie übereinander gleiten können. Daher muss zuerst eine Erhöhung ΔV des Porenvolumens V auftreten, bevor eine Scherung stattfinden kann.

Dieser durch Scherung verursachte Effekt der Erhöhung ΔV des Porenvolumens V wird genannt:

"Dilatanz"

Der Parameter zur Beschreibung der Dilatanz lautet: "Δn".

Δn ist definiert als die relative Zunahme $\Delta V/V$ des Gesamt-sandvolumens V (Feststoff plus Poren) auf das Volumen $V + \Delta V$.

$$\Delta n = \Delta V/V \times 100 \qquad [\%]$$

Ein normaler Wert für Δn ist 20%.

Definitionszeichnung für Dilatanz $\Delta n = \Delta V / V = 20\%$

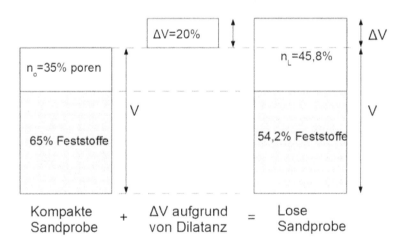

| Kompakte Sandprobe | + | ΔV aufgrund von Dilatanz | = | Lose Sandprobe |

In trockenem Sand wird die Bildung von n nicht sehr behindert, da Luft leicht zwischen den Körnern in den Sand strömen kann.
Bei nassem Sand ist es jedoch schwieriger, diesen zusätzlichen Platz im Sand zu schaffen, da das Einströmen von Wasser viel schwieriger ist als das Einströmen von Luft. Dies wird durch die begrenzte Wasserdurchlässigkeit von Sand verursacht.

Am nassen Strand unter Ihren Füßen gibt es noch ein zusätzliches aktives Phänomen, das den Luftstrom zu den Scherzonen behindert:

Die kapillare Bodenspannung.
Die kapillare Bodenspannung ist auf der nassen Strandoberfläche aktiv und erschwert das Ansaugen von Luft von der Sandoberfläche. Während des Auftretens der Dilatanz unter Ihrem Fuß nimmt das Porenvolumen zu und Wasser wird aus der Umgebung angesaugt. Zusätzlich wird Wasser an der Sandoberfläche angesaugt, wodurch die Sandoberfläche sozusagen „trocken" wird. Die Kapillarspannung wird jedoch auf der Sandoberfläche aktiviert. Infolgedessen sieht die Oberfläche neben Ihrem Fuß trockener aus als die Umgebung.

Die Sandoberfläche sieht „trocken" aus, da sich Luft in den Poren zwischen den oberen Sandkörnern auf der Sandoberfläche befindet und das Wasser am Boden dieser Körner hängt.

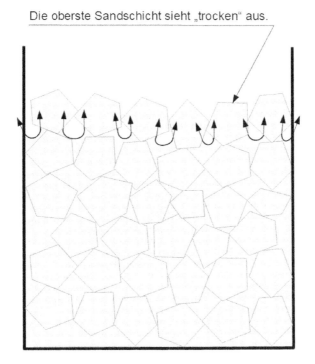

Die oberste Sandschicht sieht „trocken" aus.

Bodenkapillarspannung aufgrund des Δn-Effekts

Dies bleibt so lange der Fall, bis das volle Δn erreicht ist und der Sand locker gepackt ist.

Die zusätzliche vertikale Kornspannung infolge der kapillaren Bodenspannung, mit der das Grundwasser von der obersten Kornschicht abhängt, sorgt auch für den Aufbau einer zusätzlichen Kornspannung unter Ihrem Fuß und verhindert so, daß Ihr Fuß tiefer in den Sand sinkt . (Denken Sie an den Faktor 9 aus Abschnitt 2.8) Dadurch fühlt sich der Sand fest an!

Dieser Effekt ist bei Personen mit hohem Gewicht stärker.

NB. Dieser Effekt hält nur eine begrenzte Zeit an. Sobald das zusätzliche Porenvolumen ΔV von unten und seitlich aus der Umgebung des Δn-Bereichs unter Ihrem Fuß angesaugt wurde, stoppt der Zufluss von Grundwasser. Dies reduziert auch den Wasserunterdruck auf Null und stoppt den vorübergehenden Anstieg der Kornspannung. Infolgedessen sinkt Ihr Fuß etwas weiter in den Sand.

5.2. Ein Zaubertrick, bei dem Wasser verschwindet

Nur wenige Menschen kennen das Phänomen der Dilatanz im Sand. Wir können es daher nutzen, um Menschen mit seltsamen Phänomenen zu überraschen. Eine gute Option hierfür ist die Verwendung der Dilatanz, um das Volumen eines Gummiballs zu erhöhen. Damit können wir den folgenden Zaubertrick ausführen:

Vorarbeit:
Alles, was Sie für diesen Trick benötigen, ist ein Gummiball mit einer Öffnung auf einer Seite und einem durchsichtigen Kunststoffrohr, das in die Öffnung dieses Gummiballs passt. Siehe die Zeichnung unten. Füllen Sie den Gummiball vollständig mit Wasser und verdichtetem Sand und bauen Sie das Rohr zusammen. In der Röhre sollte kein Sand sichtbar sein, aber die Kugel sollte vollständig gefüllt sein. Halten Sie die Kugel und das Rohr aufrecht und füllen Sie das Rohr zur Hälfte mit Wasser.

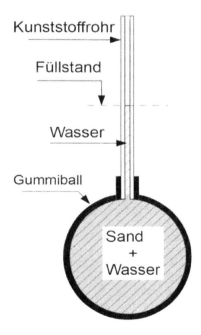

Den Zaubertrick ausführen:

Fragen Sie das Publikum: "Was passiert mit dem Wasserstand in der Leitung, wenn ich diesen Ball drücke?" Sie werden alle sagen, daß es steigen wird. Drücken Sie jetzt den Ball und der Wasserstand wird sinken!

Also verschwindet Wasser !?

Erläuterung:

Wenn Sie den Ball drücken, kollabiert der Sand im Ball und es treten viele Scherflächen auf. Das Scheren des dicht gepackten Sandes bewirkt den Dilatanzeffekt im Sand.

Die Körner breiten sich weiter auseinander aus und dadurch nimmt das Volumen des Sandes in der Kugel zu. Die Kugel wird somit durch die Kornspannung gegen die Innenwand gedehnt. Das Volumen im Gummiball nimmt zu und damit das Porenvolumen und so wird das Wasser aus dem Rohr in den Ball gesaugt!

5.3. Sand mit einem Sandbagger gewinnen

Die Sandgewinnung erfolgt normalerweise unter Wasser mit Hilfe eines schwimmenden Sandbaggers. Eine solche Sandgewinnung findet normalerweise in einem See oder in einem Fluss statt. Der schwimmende Saugbagger saugt Sand und Wasser vom Boden auf und legt es in einem schwimmenden Behälter ab, der daneben liegt. Es ist auch möglich, daß das angesaugte Sand-Wasser-Gemisch direkt über ein langes schwimmendes Rohr gepumpt wird, gefolgt von einem festen Landrohr zu einer Deponie an Land. Im Fall des schwimmenden Eimers ist die Transportentfernung größer und sobald der Eimer voll ist, wird er zu dem Ort gesegelt, an dem der Eimer entladen wird.

Der schwimmende Kolben ist mit einem vertikal beweglichen Saugrohr und einem Pumpensystem ausgestattet. Die Gewinnung von Sand unter Wasser erfolgt mit diesem Saugrohr, wodurch ein tiefer Saugschacht entsteht.
Die Form dieses Saugschachts, der in einer Position hergestellt wird, ist die einer umgekehrten spitzen Kappe (Kegel). Ziel ist es, eine möglichst tiefe Grube zu haben, damit die Sandoberfläche so groß wie möglich ist. Der Sand löst sich von der Sandoberfläche des Brunnens und fließt, gemischt mit Wasser, zur Saugmund des Saugrohrs.

 Wenn die Rakel eine bestimmte Tiefe erreicht hat und über einen längeren Zeitraum in dieser Tiefe gehalten wird, hören die Hänge des Saugbrunnens schließlich auf, Sand zu produzieren, da die Hänge einen stabilen Ruhewinkel erreicht haben.

Wenn Sie nach diesem Moment das Saugrohr wieder etwas tiefer in den Sand drücken, sehen Sie die Bildung einer kleinen vertikalen Wand in der konischen Oberfläche des Abhangs des Brunnens am Boden des Abhangs.

Diese Wand wird auch als „Wand" bezeichnet und erzeugt in Form einer Art „Sandwasserfall" losen Sand, der dann den Hang der Sauggrube hinunterfließt und durch die Mündung des Saugrohrs angesaugt wird.

Die senkrechte Wand steigt langsam den Hang hinauf und stoppt, sobald sie die Spitze der Sauggrube erreicht.

Sie können mehrere Rampen gleichzeitig den Hang des Brunnens hinauffahren. Sie tun dies, indem Sie die Rakel schnell hintereinander etwas tiefer in den Sand drücken.

Wir nennen den Prozess des Lockerns von Sand mit Hilfe aufeinanderfolgender Wände das „Sand Bruch Process".
Sie können neue Wände machen, indem Sie die Rakel absenken. Sobald jedoch die maximal erreichbare Saugtiefe erreicht ist, wird die Saugmündung horizontal nach vorne bewegt und ein langer Graben erzeugt. Sobald das Ende des Grabens erreicht ist, wird neben dem alten Graben ein neuer Graben angelegt.

Die folgende Abbildung zeigt drei Wände, die auf t1, t2 und t3 hergestellt wurden, indem das Saugrohr jedes Mal etwas tiefer gemacht wurde. In der Figur hat die Wand von t3 bereits ¼ Länge des Abhangs erreicht und die Wand von t1 hat fast die Spitze des Abhangs erreicht. Nach einiger Zeit hat Wand 3 auch die Spitze des Abhangs erreicht und dann der Prozess stoppt.

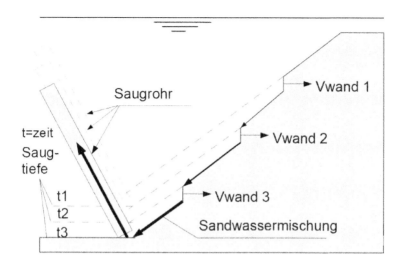

Daß Sand Bruch Process mit laufende wände

Wände Test am Strand:
Sie können einen Versuch mit einer Wand am Strand machen.
Graben Sie dazu ein Loch, das so tief ist, daß es eine große Schicht
klaren Grundwassers enthält.
Graben Sie den letzten Teil in der Mitte des Lochs vorsichtig aus,
damit ein schöner stabiler Unterwassersandhang entsteht.
Gehen Sie nun mit Ihrer Hand in der Mitte der Grube zum Boden
dieses Sandhangs und schöpfen Sie vorsichtig etwas Sand aus dem
Hang.
Sie können sehen, daß ein vertikales Loch im Hang erzeugt wurde
und daß die vertikale Wand, eine kleine Wand, den Hang hinaufläuft!

Beziehung zwischen der Geschwindigkeit V und Durchlässigkeit k0
Das Interessante ist, daß die horizontale Geschwindigkeit Vwand, mit
der sich die Wände zur Seite des Sauggrube bewegen, nur von der
Durchlässigkeit k0 des noch ungestörten Sandes abhängt.

Die folgende Formel für die Horizontalgeschwindigkeit Vwand als
Funktion der ursprünglichen Permeabilität k0 des Sandes wurde aus
vielen Laborexperimenten abgeleitet:

$$V_{wand} = 30 \times k0 \ [m/s]$$

Die Vwand ist die Geschwindigkeit, mit der der noch ungestörte Sand
in ein Sand-Wasser-Gemisch umgewandelt wird, das zur
Saugmündung fließt und dort angesaugt wird. Auf diese Weise wird
zusammen mit der Oberfläche der Sauggrube auch die gesamte
Saugproduktion von Sand in der Grube bestimmt.

Die Durchlässigkeit k0 von Sand ist die Geschwindigkeit, mit der
Wasser unter dem Einfluss eines bestimmten Druckabfalls durch den
Sand fließen kann. Diese Permeabilität hängt wiederum vom
Korndurchmesser ab, je größer der Korndurchmesser, desto größer
die Permeabilität und desto größer das V-Ufer und damit die
Sandproduktion.

5.4.   Einen Sand Breche Test in einer Flasche

Sie können den Sand Breche Process auch selbst nachahmen, indem Sie eine große, klare leere Flasche 1/3 bis 1/2 mit Sand füllen und mit klarem Wasser füllen.
Dann schließen Sie die Flasche fest.
Halten Sie zuerst die Flasche aufrecht und klopfen Sie vorsichtig auf den Flaschenboden auf dem Tisch, damit der Sand sehr gut verdichtet wird.
Dann kippen Sie die Flasche schnell um 90 Grad (legen Sie sie flach) und beobachten Sie, was passiert: (siehe auch die Abbildung unten)
Die Seite des Sandes, die an das Wasser grenzt, fangt der Sand an ab zu regnen und die Oberfläche des Sandes bewegt sich langsam nach rechts, nach dem Boden der Flasche. Die linke Seite des Sandes verhält sich daher wie oben beschrieben wie eine Wand.

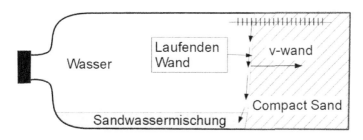

Messung der laufenden Wandgeschwindigkeit

Messung der Wand geschwindigkeit
Wenn Sie eine Zentimeterteilung auf die Flasche zeichnen, können Sie mit einer Stoppuhr die Zeit messen, die eine Wand über einige Zentimeter benötigt, und so die Geschwindigkeit der Wand berechnen. Sie können dann die Permeabilität k0 des verdichteten Sandes mithilfe der Vwand Formel auf der vorherigen Seite berechnen.
Der Wand Geschwindigkeitstest ist daher auch zu einer Permeabilitätsmessung geworden!

6. Kalamitäten mit Wasser und Sand

6.1. Treibsand

Eine der wichtigsten und gleichzeitig gefährlichsten
Erscheinungsformen von Sand und Wasser ist Treibsand.
Treibsand ist als gefährliches Phänomen bekannt.
Warum ist es gefährlich? Kann es an einem Strand auftreten?
Wie entkommst du Treibsand?

Sicherheit zuerst:
Beschreiben wir zunächst genau, was Treibsand ist.

*Treibsand ist Sand, der mit Wasser gesättigt und daher vollständig
untergetaucht ist und in dem das Grundwasser nach oben fließt. Die
Sandkörner werden durch den aufwärts gerichteten
Grundwasserstrom ganz oder teilweise angehoben. Dadurch
verringern sich die gegenseitigen Spannungen zwischen den
Sandkörnern, so dass der Sand weniger in der Lage ist, eine vertikale
Last aufzunehmen. Der Sand verhält sich wie eine schwere
Flüssigkeit.*

Dieser Zustand kann in zwei Situationen vor kommen:

1 Eine kontinuierliche Wasserquelle
An einer Wasserquelle in einer sandigen Oberfläche fließt
kontinuierlich Wasser durch den Sand. Dieser Wasserfluss nach
oben kann sogar so groß sein, daß die Sand Körner vollständig oder
fast vollständig voneinander abgehoben werden.
Infolgedessen können die gegenseitigen Kornspannungen, mit denen
die Körner gegeneinander drücken, sogar Null sein.
Wenn dieses Phänomen auftritt, besteht keine Kohäsion /
gegenseitige Beziehung mehr zwischen den Körnern, sondern eine
„Getreidesuppe".

2 Eine Verdichtung von Sand aufgrund einer Stoßbelastung

Der gleiche Effekt sehr geringer Kornspannungen kann auch vorübergehend in einem Unterwassersandkörper auftreten, ohne daß zuvor bereits ein Aufwärtsstrom aufgetreten ist. Ein solcher Sandkörper kann sich aufgrund einer plötzlichen Stoßbelastung plötzlich in Treibsand verwandeln. Dies kann beispielsweise durch ein

Erdbeben geschehen. Ein bemerkenswertes Beispiel ist das Erdbeben von 1964 in der Nähe von Niigata in Japan. Dort sind Wohnhäuser im Treibsand seitwärts gesunken!
Voraussetzung für dieses Phänomen ist, daß der Sand locker gepackt sein muss.

Mit "locker gepackt" ist der Zustand von Sand gemeint, in dem die Körner nicht durch Stempeln oder Schütteln oder durch sehr starkes Drücken auf eine Sandschicht (z. B. durch ehemalige Gletscher) "dicht zusammengepackt" werden. Lose Packungen haben eine hohe Porosität von etwa 40-45% und eine sehr gepackte Porosität von etwa 25-30%.

Was passiert jetzt mit einer plötzlichen Belastung einer locker gepackten Sandschicht?

Eine solche Sandschicht hat eine maximal zulässige Scherbeanspruchung. Eine plötzliche Überlastung dieser Scherbeanspruchung führt dazu, daß sich die Sandkörner relativ zueinander verschieben und eine dichtere Packung suchen.
In diesem Fall lösen sich die Sandkörner für kurze Zeit voneinander und beginnen sofort, in das umgebende Porenwasser zu sinken. Infolgedessen tritt gleichzeitig ein Grundwasser Fluß nach oben auf.

Das Ergebnis ist, daß die Sandkörner vom nach oben fließenden Grundwasser getragen werden und die vertikalen und horizontalen Kornspannungen auf Null abfallen und keine tragende Beziehung mehr zwischen den Körnern besteht.

In beiden oben beschriebenen Fällen sprechen wir von Treibsand.
Folgende Namen werden im Ausland verwendet:
Quicksand   (Englisch)   „Quick" = schnell
Sables Mouvants   (Französisch) „Mouvant" = bewegen

Es ist interessant zu sehen, wie jeder dieser Namen einen anderen
Aspekt des selben Phänomens anzeigt.
Zusammenfassend wäre ein guter Name:
"Schnell bewegender schwimmender Sand"

Wo kann man Treibsand finden?
Treibsand kommt an Orten vor, an denen das Grundwasser aus einer
Sandschicht fließt. Dies erfolgt in den folgenden Bereichen
1. Gezeitengebiete am Meer
2. Sümpfe (Quellgebiete) in der Nähe von Flüssen
3. In der Nähe der Ufer eines Sees
4. In der Nähe von unterirdischen Quellen in Berggebieten

Wo lagert sich Sand mit einer losen Verpackung ab?
Dies geschieht hauptsächlich in den Dünen, in denen der Sand im
Windschatten einer Strandmauer sanft vom Wind abgelagert wird,
oder in Flüssen, in denen sich der Sand ruhig im Windschatten einer
Sandbank absetzt.

Hinweis: Eng gepackte Sandablagerungen sind normalerweise das
Ergebnis von:
1 Vergangene Ladung durch Eiszeitgletscher
2 Vergangene Belastung durch Wellenbewegungen an Stränden
3 Absetzen von Sand bei hohen Fließgeschwindigkeiten

Was passiert, wenn jemand auf Treibsand tritt oder fällt?
Wenn jemand in einen Treibsandbereich tritt, ist aufgrund fehlender
Kornspannungen keine vertikale Reaktion des Sandes möglich, um
einen Aufwärtswiderstand zu erzeugen.
Das Ergebnis ist, daß die Füße tiefer sinken.
Anschließend stoppt der schwere Treibsand diese Bewegung bei
jeder Aufwärtsbewegung und der Körper wird weiter nach unten
gezogen.

Wenn der Körper im Sand auf Brusthöhe gesunken ist, kann der Druck des schweren Sand-Wasser-Gemisches - das ist doppelt so schwer wie Wasser! – das atmen erschweren.

Frage: Wird eine Person in Treibsand ertrinken?
Um dies zu analysieren, müssen wir herausfinden, wie unterschiedlich die Dichte von Treibsand und menschlichem Körper ist.
Die Dichte von normalem 100% gesättigtem nassem Sand beträgt ca. 2000 kg/m^3.
Die typische Dichte eines menschlichen Körpers beträgt 985 kg/m^3.
Da Wasser eine Dichte von ca. 1000 kg/m^3 hat, schwimmt ein menschlicher Körper darin. Ein Körper wird sicherlich in der viel dichteren Sand-Wasser-Mischung von 2000 kg/m^3 schwimmen!

Einer meiner Schüler hat dies persönlich im Labor getestet, indem er in einem 2 Meter tiefen Gefäß mit Sand und nach oben fließendem Wasser stand.
In der Tat sank er nicht weiter als bis zu seiner Taille im Treibsand!
Natürlich haben wir ihn bei diesem 1:1-Test mit einem stabilen Seil um die Taille in Sicherheit gebracht!

Fazit:
Treibsand ist eine sehr schwere Flüssigkeit, in der Sie sehr gut schwimmen können.
Das einzige Problem ist, daß Treibsand Sie aufgrund Ihrer eigenen Bewegungen nach unten zieht.
Eine Aufwärtsbewegung Ihres Schuhs oder Beins zieht Sie weiter nach unten.

Was zu tun, wenn Sie jetzt in Treibsand landen?
1 Werfen Sie alles, was Sie bei sich haben, auf eine feste Oberfläche.

2 Zieh deine Schuhe aus, wenn du kannst.

3 Wenn Sie das Gefühl haben, auf Treibsand zu stehen (Sie können fühlen, wie sich die Oberfläche bewegt), aber noch nicht darin versunken sind, treten Sie schnell zurück. Durch die Geschwindigkeit Ihrer Schritte versuchen Sie, sich gegen die

Masse des Sandes abzusetzen und nutzen gleichzeitig auch den möglicherweise verbleibenden sandverstärkenden Δn-Effekt aus Abschnitt 2.11!

4 Wenn Ihre Füße stecken bleiben, versuchen Sie, keinen großen Schritt zurück zu machen, da dies Sie weiter nach unten zieht. Setz dich und leg dich zurück.
Wenn Sie Ihren Körper auf dem Treibsand schweben lassen, wird die vertikal nach unten gerichtete Kraft auf Ihre Füße verringert, sodaß sie langsam nach oben steigen können.

5 Sobald Sie spüren, wie sich Ihre Füße heben, rollen Sie von Ihrem Rücken auf Ihre Seite und Ihrem Bauch und verlassen den flach liegenden Treibsandbereich. Hab keine Angst dreckig zu werden.

6   Sei geduldig und mache langsame Bewegungen. Es kann Minuten bis sogar Stunden dauern, um aus dem Treibsand herauszukommen.

6.2. Der plötzliche Zusammenbruch von Deichen

In der Praxis geben die Deiche entlang der Flüsse regelmäßig nach. Dies geschieht insbesondere in Gebieten, in denen die Deiche auf alten Sandbänken errichtet wurden. Diese Sandbänke entstanden einst in diesen Flüssen durch die Ablagerung von Sand im ruhigeren Wasser hinter einer bestehenden Sandbank. Infolgedessen ist der Sand sehr locker gepackt und daher anfällig für Setzungsfließen.

Auch große, hoch gelegene Sandhänge in Gebirgsregionen entlang von Küsten und Flüssen führen nach starken Regenfällen regelmäßig zu starken Senkungen und reißen sogar ganze Dörfer mit sich.

In all diesen Fällen ist die Ursache für die Senkungen ein Anstieg des Wasserdrucks im Sandkörper.
Bei einem Deich auf einer lockeren Sandschicht werden die hohen Porenwasserdrücke durch den plötzlichen Zusammenbruch des Granulatskeletts verursacht.
Wenn der Fluss aufgrund von Ufererosion zu nahe an den Deich herankommt, kann der Deich als Ganzes in den Fluss stürzen.
Ein solcher Setzungsfluss wird in der Regel durch die Erschütterungen eines Erdbebens oder das Überfahren des Deichs mit einem schweren Lkw ausgelöst.

In Abschnitt 6.3 wird ein Experiment beschrieben, bei dem eine plötzliche Senkung in lockerem, gepacktem Sand auftritt.

Die durch eine Deichsenkung verursachten Schäden, bei denen ein Teil des Deichs verschwunden ist, werden oft fälschlicherweise einem Setzungsfluss zugeschrieben.
Es ist nämlich genauso gut möglich, dass das Flussufer nach einer ausreichend tiefen Erosion des Ufers die Form einer aktiven Sauggrube angenommen hat.
In diesem Fall kann eine abschließende zusätzliche Erosion am Böschungsfuß dieser "Sauggrube" ein Bruchverhalten mit sehr hohen aktiven Wänden verursachen. Diese laufen auf den Deich zu und werden schließlich, zum Beispiel nach einer Nacht des Durchbruchs, den Deich untergraben!

Während des Durchbruchs fließt das Sand-Wasser-Gemisch mit hoher Geschwindigkeit abwärts in Richtung Fluss. Es treten zwei Phänomene auf:

1 Das Sand-Wasser-Gemisch erodiert den Boden des Dammes und hält ihn steil und damit aktiv.

2 Am Fuß des Dammes wird das Sand-Wasser-Gemisch durch die Flussströmung mitgenommen. Das bedeutet, dass sich keine neue stabile nicht erodierende Piste bilden kann. Infolgedessen geht das abspülen weitert weil sich keine neue höhere Basis formen kann.

Dieses Phänomen kann auch in Sandgewinnungsgruben mit relativ feinem Sand auf dem Flachland auftreten. Obwohl hier kein Sandaustrag durch eine Flussströmung stattfindet, gibt es dennoch einen sehr guten Sandaustrag entlang der Brunnensohle bis zum tiefsten Punkt des Brunnens. Der Grund dafür ist, dass sich das Feinsand-Wasser-Gemisch schlecht absetzt und deshalb unter einem leichten Gefälle weiterfließen kann. Dieser Prozess lässt sich steuern, indem man nicht mit einer zu hohen Schichtdicke auf einmal an die Ufer herantritt, sondern mit mehreren Schichten hintereinander.
In der Vergangenheit war man sich dessen nicht bewusst, und durch die unkontrollierte Ausdehnung der Abraumhalden rutschten ganze Gehöfte in die Sandgruben ab!

Schlussfolgerung:
Hüte dich davor, Gräben um deine Sandburg herum zu graben!
Sind die Burggräben zu tief und zu dicht an den Burgmauern, können diese durch den Durchbruch unterspült werden und im Graben versinken!
Versuchen Sie dieses verhängnisvolle Szenario bei Ihrer nächsten Sandburg.

6.3. Test mit einem Setzungsfluss

Mit einem einfachen Test können wir einen sogenannten "Setzungsfluss" in einer transparenten Plastikflasche nachweisen!

Führen Sie dazu die folgenden Schritte aus:
1 Fülle die Flasche mit 2/3 Wasser und 1/3 Sand und schüttle den Sand und das Wasser gut.
2 Legen Sie die Flasche schnell waagerecht und lassen Sie den Sand sanft absetzen
3 Kippen Sie die Flasche ganz langsam und schauen Sie genau hin
4 Bei einem bestimmten Neigungswinkel kommt es zu einem sehr plötzlichen Einsturz der gesamten Sandschicht.

Wir nennen diesen plötzlichen Zusammenbruch einen "Siedlungsstrom".
Durch die zunehmende Scherspannung, die durch die Neigung verursacht wird, wird in einem bestimmten Moment die maximale Scherkraft erreicht, in diesem Moment wird der Winkel der inneren Reibung erreicht!

Dies ist der Moment, in dem die Körner beginnen, sich relativ zueinander zu verschieben und das Korngerüst zusammenbricht. Die Körner lösen sich voneinander ab und setzen sich im Grundwasser ab. Für kurze Zeit entsteht ein flüssiges Sand-Wasser-Gemisch, das schnell abfließt.

7. Mit Stuhl und Fahrrad am Strand

7.1. Stabilität eines Stuhls im trockenem Sand

Wenn Sie Ihren Campingstuhl in trockenen Sand legen, werden Sie feststellen, daß die Beine Ihres Stuhls unter Ihrem Körpergewicht ziemlich tief in den Sand gedrückt werden können!
Dies geschieht sogar bei einem Stuhl, bei dem die beiden hinteren und zwei vorderen Beine durch zwei horizontale Rohre mit flachem Boden miteinander verbunden sind. Siehe Abbildung.

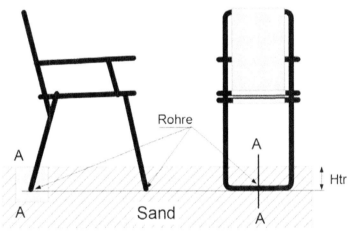

Stuhl im Sand mit 2D Flache A-A durch Rohr

In diesem Fall ist das Körpergewicht gut über die Länge dieser Röhren verteilt, was zu einer zweidimensionalen (2D) Belastung führt.

Lassen Sie uns diese Situation mit dem Wissen aus den vorherigen Abschnitten genauer analysieren.

Die oberste Schicht des trockenen Sandes bietet wenig Tragfähigkeit. Der Grund für den geringen Widerstand ist die Tatsache, daß dieser Widerstand aus Scherkräften im umgebenden Sand aufgebaut werden muss.

In geringer Tiefe sind diese Scherkräfte aufgrund des auf diese Tiefe begrenzten Gewichts der Sandschicht sehr gering.

Was passiert im Sand unter und neben dem Rohr?
Der Boden des horizontalen Rohrs des Stuhls drückt auf den darunter liegenden Sand. Das Rohr kann nur nach unten gehen, wenn der Sand direkt unter dem Rohr zusammenfällt und seitlich weggeschoben wird. Ein Prozess der Verschiebung findet statt. Der Sand neben dem Rohr erzeugt jedoch eine horizontale Spannung, die der horizontalen Bewegung des Sandes entgegenwirkt.
Diese entgegengesetzte horizontale Spannung hängt wiederum von der vertikalen Spannung Svs im Sand direkt neben dem Rohr ab.
Siehe die Abbildung unten.

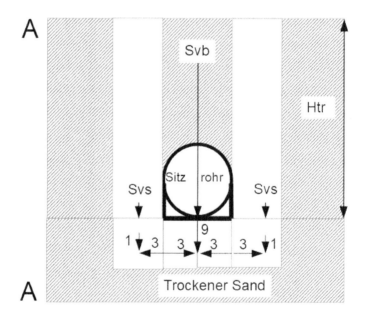

Somit findet ein Verdrängungsprozess von Sand zweimal statt:
1 direkt unter dem Rohr durch aktiven Einsturz
2 direkt neben dem Rohr durch passiven Einsturz.

Jedes Mal, wenn der Faktor 3 in den Hauptspannungen auftritt, ist insgesamt ein Faktor 3 x 3 = 9.

Wenn der Stuhl bis zu einer Tiefe von Hdr in den Sand gedrückt wird, liegt am Boden des Sitzrohrs eine Spannung Svb = 9 x Svs an.

Wir haben hier jedoch nicht zwei separate rechteckige Sandproben nebeneinander, aber wir können vorerst davon ausgehen, daß sie als solche funktionieren.
Aufgrund der horizontalen Symmetrie in Bezug auf die Vertikale durch die Achse des Rohrs findet der Verschiebungsprozess auf beiden Seiten des Rohrs statt.

Insgesamt wird sich zum Zeitpunkt des Versagens die Kornspannung von Svs auf Svb um den Faktor 9 erhöhen.

NB: Der hier gefundene theoretische Faktor 9 ist eine Untergrenze im Vergleich zu einem besseren, aber komplizierteren Modell, das den sogenannten „Prandtl-Keil" enthält. Ein doppelt so großer Faktor von 18 wird als Ergebnis der zusätzlichen Unterstützung aufgrund der Reibung berechnet, die am Übergang zwischen den beiden kollabierenden Sandkörpern unter und neben dem Rohr auftritt.

Fortsetzen:
Das Rohr dringt bis zu einer Tiefe Hdr ein, bei der die vertikale Normalspannung Sv im Sand neben dem Rohrboden so hoch wird, daß sie nach Multiplikation mit mindestens dem Faktor 9 die vertikale Spannung Svb unter dem Rohr ausgleicht.

Mit dem obigen selbst erstellten einfachen Berechnungsmodell können wir berechnen, wie tief das Rohr des Stuhlbeins in den trockenen Sand sinkt!

Berechnung der Tiefe, in die der Stuhl sinkt
Zunächst muss das Gewicht der Körpermasse berechnet werden:
Angenommen, die Körpermasse beträgt M = 80 [kg].
Die Kraft Fg aufgrund dieser Masse ist dann:

$$Fg = M \times g = 800 \text{ [N]}$$

Angenommen, jedes Rohr des Stuhls ist 0,5 [m] lang und 0,02 [m] breit.Unter den Stuhlbeinen befinden sich zwei horizontale Rohre.
Die gesamte Auflagefläche A wird somit:
$$A = 2 \times 0,5 \times 0,02 = 0,02 \text{ [m}^2\text{]}$$

Die vertikale Belastung Svb, die durch das Körpergewicht auf dem Sand verursacht wird, wird nun:
$$Svb = 800 / 0,02 = 40 \text{ [kPa]}$$

In der obigen Analyse haben wir gesehen, daß während des Eindringens des Stuhls und somit während des Zusammenbruchs des Sandes unter dem Stuhl ein Faktor von 9 zwischen den Spannungen Svb und Svs auftritt.
Bei einem Svb = 40 [kPa] sinkt der Stuhl tief in den Sand, bis der vertikale Druck Svs auf den Sand direkt neben dem Bein auf einen Druck angestiegen ist, der um den Faktor 9 niedriger ist als Svb = 40 [kPa]:
$$Svs = 1/9 \times 40 = 4,44 \text{ kPa} = 4444 \text{ [Pa] (*)}$$

Die Spannung Svs unter einer Höhe Hdr von trockenem Sand beträgt:
$$Svs = Dtr \times g \times Htr$$

Mit Dtr = 1722 [kg / m3] und g = 10 [m/s^2] folgt:

$$Svs = 17220 \times Hdr \text{ (*)}$$

Die Kombination der beiden mit (*) bezeichneten Gleichungen für Svs ergibt die folgende Eindringtiefe Hdr:
$$Hdr = 4444/17220 = 0,25 \text{ [m]}$$

Das ist eine beeindruckende Tiefe!

<u>Anmerkung</u>
Denken Sie daran, daß wir hier von trockenem Sand ausgehen.
Sobald sich Feuchtigkeit im Sand befindet, treten Kapillarspannungen
auf. In diesem Fall ist der Spannungszustand völlig anders und der
Stuhl sinkt weniger tief.
Wenn Sie einen guten Test durchführen möchten, müssen Sie
sorgfältig prüfen, ob die Bedingungen für trockenen Sand bis zur
Eindringtiefe erfüllt sind!

<u>Cone-penetration-test:</u>
Das Vorstehende erfordert einen Test mit dem Stuhl.
In der Praxis wird üblicherweise ein „Kegel-penetrationstest"
durchgeführt.
Eine runde Spitze mit einer Kegelform wird auf einem runden Rohr
vertikal in den Boden gedrückt, wobei die Kraft auf die Spitze
gemessen wird.
Dieser Penetrationstest wird durchgeführt, um die Packung (Dichte)
einer Sandschicht zu messen. Der Test steht unter dem Namen
"Cone Penetration Test" (CPT) im Internet!

<u>Selbst gemachter Penetrationstest</u>
Während eines Abschlussprojekts in einer Sand- und Wassersäule
musste durch Vibrieren der gesamten Säule ein schneller Eindruck
von der Höhe gewonnen werden, auf die der Sand verdichtet wurde.
Wir haben dieses Problem gelöst, indem wir einen einfachen
vertikalen Eindringungstest mit einem kegelförmigen Besenstiel
durchgeführt haben. Zusätzlich wurde eine cm-Teilung mit einem
Marker auf den Stiel aufgebracht, um die Eindringtiefe zu messen.
Wir haben die Penetrationskraft selbst bereitgestellt, indem wir mit
unserem eigenen Gewicht auf dem umgekehrten Besen saßen.
Mein Gewicht (90 kg) war größer als das des Schülers (60 kg), also
hatten wir sogar zwei Tiefenmessungen!

7.2. Wenn sich die Gezeiten verändern

Vielleicht erinnern Sie sich an den Moment, als Sie in Ihrem Strandkorb ruhig an der Küste saßen und Ihre Kinder in ihrer Sandburg gegen die steigende Flut kämpften und plötzlich Ihr Stuhl langsam unter Ihnen zu sinken begann!
Der Grund: Die Spitze einer hohen Welle hat gerade Ihren Stuhl erreicht. Plötzlich ist die Oberseite des Sandes kein teilweise gesättigter Sand mehr mit einer aktiven kapillaren Bodenspannung!

Ein erster Gedanke könnte sein, daß sich Sand unter Wasser wie trockener Sand verhält, aber das ist nicht der Fall:
Sobald der Strandsand vollständig eingetaucht ist, hängt keine Wasserschicht mehr an der obersten Körnerschicht und der positive Effekt der zusätzlichen vertikalen Kornspannung infolge der kapillaren Bodenspannung für die Tragfähigkeit geht verloren.

Hinzu kommt, daß die Sandkörner unter Wasser teilweise vom Wasser angehoben werden.
Sie nennen diesen „Auftrieb-Effekt" auch „Buoyancy".
Dies stellt sicher, daß die vertikalen Kornspannungen im Vergleich zu trockenem Sand geringer sind.

Wir können den Auftriebseffekt wie folgt quantifizieren:
Wir nennen den Raum zwischen den Körnern die mit dem Buchstaben n angegebene „Porosität". In trockenem Sand mit einer Porosität von n = 35 [%] und einer Korndichte von Dk = 2650 [kg / m3] können wir die Trockendichte Ddr berechnen mit:

$$Ddr = (1-n) \cdot 2650 = 1722 \ [kg/m^3]$$

Damit finden wir für die vertikale Kornspannung Skdr in trockenem Sand in 1 Meter Tiefe:

$$Skdr = Ddr \times g \times 1 = 1722 \times 10 \times 1 = 17220 \ [Pa]$$

In 100% gesättigtem nassem Sand ist die vertikale Kornspannung in 1 m Tiefe aufgrund der Aufwärtskraft Fopdr auf die Körner aufgrund des Auftriebs der Körner geringer.

Die Kraft Fauftr von 1 [m³] Sand ist gleich der Gewichtskraft Fw der Wasserverdrängung des Volumens (1-n) [m³] aller Sandkörner. Mit der Wasserdichte Dw = 1000 [kg / m³] und dem Porengehalt n = 35% folgt :.

$$\text{Fauftr} = (1\text{-}n) \times Dw \times g = 0{,}65 \times 1000 \times 10 = 6500 \ [N]$$

So wird die vertikale Kornspannung Sknass in 1 [m] Tiefe:

$$\text{Sknass} = 17220\text{-}6500 = 10720 \ [Pa]$$

Dies ist ein Faktor von 10720/17220 = das 0,62-fache der oben berechneten vertikalen Kornspannung Skdr von 17220 [Pa]!

In Abschnitt 7.1 haben wir uns die Stabilität eines Strandkorbs in trockenem Sand angesehen. Es stellte sich heraus, dass die vertikale Kornspannung im Sand bestimmt, wie tief der Stuhl in den Sand einsinkt.

Dieser Abschnitt zeigt, dass bei nassem Sand mit n = 35 % die vertikale Kornspannung um den Faktor 1 / 0,62 = 1,6 geringer ist als bei trockenem Sand.

Das bedeutet, daß das Stuhlbein im, von der Welle komplett überfluteten Sand, um den Faktor 1,6 tiefer einsinkt als in trockenem Sand!

7.3. Fahrrad fahren am Strand

Mit den in Abschnitt 7.1 gewonnenen Erkenntnissen können wir bestimmen, wo wir am besten mit dem Fahrrad am Strand fahren können.

Der Fahrradreifen zeigt das gleiche Verhalten wie der in Abschnitt 7.1 beschriebene Schlauch des Strandkorbs:
Der Fahrradreifen muss eine bestimmte Tiefe in den Sand eindringen, bevor ein Gleichgewicht zwischen der Gewichtskraft über den Reifen und der Reaktionskraft des Sandes hergestellt werden kann.
Dies macht das Radfahren sehr schwierig, da Sie mit Ihrem Fahrradreifen immer wieder in neuen Sand eindringen müssen, bis ein Gleichgewicht der Kräfte besteht. Es ist, als müsste man einen Hang hinauffahren!

Dieses Phänomen wird auch als "Rollwiderstand" bezeichnet.
Zur Angabe seiner Größe wird der Rollwiderstandskoeffizient Crr verwendet. Dieser Koeffizient gibt an, mit welchem Teil der Vertikalkraft Fg, mit der das Rad auf der Straße ruht, das Rad in horizontaler Richtung belastet werden muß, damit das Rad rollt.

$$F_{rolle} = Crr \times Fg$$

Die folgenden Werte für Crr sind in der Literatur angegeben

Coefficient Crr	Beschreibung
0,3	Autoreifen im Sand
0,038 – 0,07	Postkutsche (19. Jahrhundert) auf unbefestigter Straße
0,01 – 0,015	Gewöhnliche Reifen auf Beton
0,0055	Spezielle BMX-Fahrradreifen für Solarautos
0,0022 -0,005	Fahrradreifen 8,3 bar 50 km / h auf Stahlrollbank
0,001 – 0,0024	Stahlspurrad auf Stahlschienen

Wenn wir den Rollwiderstand eines Fahrradreifens in Sand mit dem eines Autoreifens in Sand gleichsetzen, ist Crr = 0,3.

Du musst also eine zusätzliche Vorwärtskraft Frolle in Höhe von 30% der Vertikalkraft Fg durch das Gewicht deines Fahrrads und dich selbst entwickeln.
Sie können diese horizontale Gegenkraft Froll auch sehen, als würden Sie einen Hang hinauffahren.

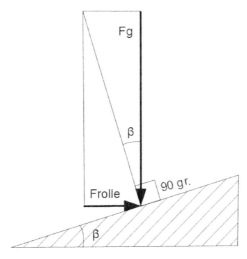

Frolle = 0,3 x Fg
β = arctg(0,3) = 16,7 gr.

Der entsprechende Neigungswinkel β dieser Steigung gegenüber der Horizontalen beträgt β = arctg (0,3) = 16,7 Grad.
Das ist eine Steigung von 1 zu 3,33!

Es wird daher dringend empfohlen, auf dem nassen Sand zu fahren.
Aber Vorsicht:
Sobald Sie über den vollständig eingetauchten Sand fahren, ist der unterstützende Effekt der Kapillarspannungen nicht mehr vorhanden!
Glücklicherweise können Sie dort noch daß Δn Effekt von Par.6.1 verwenden, müssen dann aber schnell radeln, um mit dem Effect ausreichend höhe Unterdrücken ins Sand zu erreichen.

8. Wellen und Sand

Die Wellen, die auf den Strand treffen, können viel über das Aussehen des Bodens vor der Küste und über die Wasserströme und Sandtransporte vor der Küste aussagen. Diese Strömungen und Transporte bestimmen, wie eine Küste aussieht. Die Niederlande zum Beispiel wurden durch den Sand geformt, der über Millionen von Jahren von Rhein und Maas an die Nordseestrände geflossen ist. Aus diesem Sand sind das Wattenmeer und die norddeutschen Inseln entstanden. Dieser Sand stammte nicht aus der Nordsee. Der Sand, der dort auf dem Grund liegt, ist der Sand, auf dem die Mammuts vor Hunderttausenden von Jahren gelaufen sind. Daher können bei den derzeitigen Baggerarbeiten in der Nordsee (zur Auffüllung der Strände) immer noch Mammutzähne und -knochen gefunden werden.

Die Kenntnis der Auswirkungen von Wellen im Meer ist daher für ein Land wie die Niederlande von großer Bedeutung. Bevor wir uns jedoch näher mit dem "Lesen" oder "Interpretieren" von Wellen befassen, wird in den Abschnitten 8.1 bis 8.3 eine kurze allgemeine Beschreibung von Ursprung, Form und Verhalten von Wellen gegeben. Es wird zwischen Wellen in tiefem Wasser und Wellen in flachem Wasser unterschieden.

Nach dieser allgemeineren Beschreibung von Wellen werden in den Abschnitten 8.4 ff. auch die spezielleren Wellenphänomene, wie die Gezeitenwelle, Strömungsrinnen und eine Tsunami-Welle, näher beschrieben.

8.1. Beschreibung einer Welle

Eine Welle ist eine Schwingung des Wassers mit einer bestimmten Periode T [sec], die sich entlang der Wasseroberfläche mit einer Ausbreitungsgeschwindigkeit c [m/s] ausbreitet. Wie bei einer Vibration z. B. in einem Springseil oder einer Peitsche wird nur die Bewegung der Vibration im oberen Teil des Wassers übertragen und es gibt keine kontinuierliche Wasserströmung in Richtung der Vibration.

Wir werden sehen, dass sich eine Welle in tiefem Wasser ungestört ausbreitet, während die Geschwindigkeit einer Welle in flachem

Wasser abnimmt. Man spricht von tiefem Wasser, wenn die Wassertiefe größer als die halbe Wellenlänge ist. Wir werden später darauf zurückkommen.

Abbildung [8.1.1] zeigt eine Welle in tiefem Wasser. Wie in dieser Abbildung dargestellt, hat diese Welle die Form einer Sinuswelle mit einem oberen und einem unteren Ende. Der Höhenunterschied zwischen der Ober- und Unterseite wird als Wellenhöhe H [m] bezeichnet. Der horizontale Abstand zwischen zwei aufeinanderfolgenden Spitzenwerten wird als Wellenlänge L [m] bezeichnet.

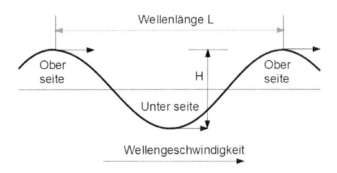

Form und Abmessungen einer Welle im Wasser

Wellenbewegung
Wenn wir eine Welle in tiefem Wasser betrachten, scheint es, als ob sich das Wasser in die Richtung bewegt, in die sich die Welle bewegt, aber das ist nicht der Fall. Die Wasserteilchen in einer vorbeiziehenden Welle machen eine kreisförmige Bewegung mit einem Durchmesser gleich der Wellenhöhe H. Der Umfang O dieses Kreises ist:

$$O = \pi \times H \qquad [m]$$
Mit der Zahl "pi": $\pi = 3,1415$ $\qquad$ [-]

Wir nennen diese Kreisbewegung auch "Orbitalbewegung". Je größer die Wellenhöhe H oder je kürzer die Periode T der Schwingung, desto größer ist die Geschwindigkeit U, mit der sich das Wasserteilchen dreht.

Es gilt das Folgende:
$$U = (\pi \times H) / T \qquad [m/s].$$

Der Durchmesser der Drehbewegung ist an der Wasseroberfläche am größten und nimmt ab, je tiefer man unter Wasser schaut. In einer Tiefe von etwa einer halben Wellenlänge reduziert sich der Durchmesser der Orbitalbewegung auf nahezu Null.

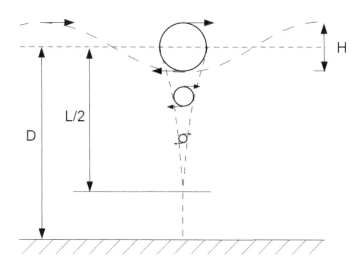

Orbitalbewegung unter einer Tiefwasserwelle

Länge L und Geschwindigkeit C einer Welle

Neben der Höhe H spielen auch die Wellenlänge L und die Ausbreitungsgeschwindigkeit C einer Welle eine Rolle für das Verhalten und die Auswirkungen von Wellen in Küstennähe.

Es besteht immer ein festes Verhältnis zwischen L, C und T:

$$L = C \times T \qquad [m].$$

Dabei ist C die Wellenausbreitungsgeschwindigkeit.

Die Wellenausbreitungsgeschwindigkeit C und die Wellenlänge L hängen von der Wassertiefe D ab. Man unterscheidet zwischen drei verschiedenen Verhältnissen zwischen Wassertiefe und Wellenlänge D/L:

A Tiefes Wasser mit Tiefe D> L/2
Die Geschwindigkeit C und die Wellenlänge L einer Welle in tiefem Wasser können mit den folgenden einfachen Formeln berechnet werden:

$$C = 1{,}56 \times T \qquad [m/s]$$
$$L = 1{,}56 \times T^2 \qquad [m]$$

B: Übergangswassertiefe mit Tiefe L/25 < D < L/2
Im Übergangsbereich von D = L/2 zu D = L/25 trifft die einlaufende Welle auf den Meeresboden, so dass die Orbitalbewegung zu einer flachen Ellipsenform verzerrt wird.
Zugleich nimmt die Ausbreitungsgeschwindigkeit C der Welle ab.

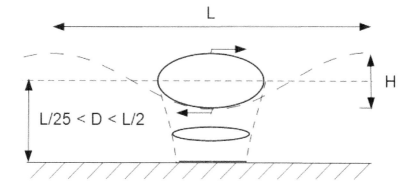

Orbitalbewegung in der Übergangstiefe L/25 < D < L/2

C: Seichtes Wasser mit D < L/25:
Wenn die Wassertiefe weniger als 1/25 x Wellenlänge L beträgt, wird
die Orbitalbewegung stark abgeflacht und man spricht von einer
"Flachwasserwelle". Die Geschwindigkeit C und die Wellenlänge L
sind dann nur noch von der Wassertiefe D abhängig.

Für die Flachwasserwelle gelten die folgenden Formeln für die
Wellengeschwindigkeit C und die Wellenlänge L:

$$C = \sqrt{(g \times D)} \qquad [m/s]$$
$$L = T \times \sqrt{(g \times D)} \qquad [m]$$

Mit: $\qquad g = 10 \qquad [m/s^2]$

Energietransport und Druck durch Wellen
Wellen transportieren Energie und Druck in Wellenrichtung. Diese
Energie erreicht schließlich die Küste in Form von brechenden Wellen
und Strömungen entlang der Küste. Diese brechenden Wellen und
Strömungen sind die Ursache für die Bewegung von Sand entlang
der Küste, den so genannten "longitudinalen Sandtransport", und für
die Bewegung von Sand quer zur Küste, den so genannten
"transversalen Sandtransport".

Die Wellenenergie E in einer Welle pro Meter Wellenbreite besteht
aus zwei Komponenten:

A Die kinetische Energie aller Orbitalbewegungen
B Die potenzielle Energie in Bezug auf die Linie des ruhenden
Wassers. Dies ist die Energie, die benötigt wird, um das Wasser von
der Stillwasserlinie gegen die Schwerkraft zum Wellenkamm zu
heben und gegen die Kraft des Wassers zum Wellental zu drücken.
Sie können dies mit dem Anheben eines Eimers mit Wasser und dem
Hinunterdrücken eines leeren Eimers ins Wasser vergleichen.

Es gilt: $E = 1/8 \times \rho \times g \times H2 \times L$ [N.m/m].
                  $\rho = 1010$ $[kg/m^3]$
                  $g = 10$ [m/s2]
                  $N = Newton$ $[kg.m/s^2]$

Gruppengeschwindigkeit
Wellen transportieren ihre Energie in Wellenrichtung mit einer
Geschwindigkeit, die der Hälfte der individuellen Wellen-
geschwindigkeit C/2 entspricht.
Diese Geschwindigkeit nennen wir die "Gruppengeschwindigkeit"
Cg=C/2
In der Praxis bedeutet dies, dass sich eine Wellengruppe in tiefem
Wasser mit der halben Wellengeschwindigkeit bewegt.
Die einzelnen Wellen rollen also in der Gruppe mit der
Wellengeschwindigkeit C vorwärts und verschwinden nach vorne,
während hinten neue Wellen entstehen.

Wellendruck
Sobald die Wellen die Küste erreichen, üben sie einen horizontalen
Druck auf das Wasser in Küstennähe aus, ebenfalls in Richtung der
Wellenausbreitung. Dieser Druck führt zu einer gewissen
"Wellenüberschreitung", d. h. zu einem leichten Anstieg des
Wasserspiegels in Küstennähe. Darüber hinaus wird ein Teil dieses
Drucks auch in Längsrichtung der Küste auftreten.
Diese Längskomponente des Wellendrucks erzeugt in Küstennähe
eine Längsströmung. In der Praxis kann diese Längsströmung hohe
Geschwindigkeiten von bis zu mehreren Metern pro Sekunde
erreichen.

8.2. Die Entstehung von Wellen in tiefen Gewässern

Die Höhe und Länge der Wellen, die wir bei schönem Strandwetter vom Strand aus sehen, wird durch so genannte "Sturmfelder" auf See bestimmt. Stunden oder sogar Tage, bevor eine Welle am Strand ankommt, ist sie bereits weit entfernt auf dem Meer oder im Ozean durch die vorherrschenden Winde und Stürme entstanden. In einem solchen Sturmfeld nimmt eine Welle immer mehr Windenergie auf, wodurch sie höher und länger wird. Diese "Wellenenergie" wird in Abschnitt 8.3 ausführlicher erläutert.

Die Wellen aus dem Sturmfeld bewegen sich mit ihrer Ausbreitungsgeschwindigkeit C in Richtung des Windes. Die Gesamtzeit, die eine Welle in einem Sturmfeld verbringt, beeinflusst die endgültige Höhe und Länge der Welle.

Schlaglänge eines Sturms
Die Größe des Meeres oder Ozeans wirkt sich auch auf die Wellenhöhe der von einem Sturmfeld erzeugten Wellen aus. Die Länge, über die der Wind eines Sturms über die Wasseroberfläche bläst, wird als "Strandlänge" bezeichnet.

Im Falle eines kleineren Randmeeres, wie der Nordsee, ist die Größe des Meeres und damit auch die Schlaglänge des Sturms über diesem Meer begrenzt. Die Schrittlänge in den Ozeanen kann in der Größenordnung von Tausenden von Kilometern liegen, in der Nordsee in der Größenordnung von 500 km und im IJsselmeer in der Größenordnung von 50 km.
Bei einer kurzen Hublänge erreicht die Welle die Küste, bevor der Sturm zu Ende ist. Daher hat sie eine begrenzte Wellenhöhe.
Aus diesem Grund sind die größten Wellen an den Küsten von Binnenmeeren wie der Nordsee und dem Mittelmeer immer kleiner als die größten Wellen an den Küsten der Ozeane.

Dauerzeit t eines Sturms
Die vom Wind erreichte Wellenhöhe hängt von der Dauer t eines Sturms ab. Je länger der Sturm anhält, desto höher sind die Wellen.

Abfluss der Wellen eines Sturms

Es ist auch möglich, dass bei einem kleinen Sturmfeld oder nachdem der Wind gedreht hat, die Wellen dem Sturmfeld "davonlaufen". Die Wellen aus diesen weit entfernten Sturmfeldern sind in der Regel lang und werden daher auch "Long Swell" genannt, wenn sie die Küste erreichen.

Sie sind oft meterhoch und Hunderte von Metern lang.

Sie bewegen sich mit einer "Gruppengeschwindigkeit" in einer Gruppe von Wellen.

In tiefem Wasser ist diese Gruppengeschwindigkeit um den Faktor 2 langsamer als die Geschwindigkeit der einzelnen Wellen. Das bedeutet, dass die Wellen in einer Wellengruppe immer von hinten nach vorne laufen. Die Physik, die dieses wunderbare Phänomen verursacht, ist zu kompliziert, um sie hier zu beschreiben.

Bestimmung der windinduzierten Wellen

Mit den oben genannten Informationen über die Länge des Sturms, die Dauer des Sturms usw. können Sie die Eigenschaften wie Höhe, Periode und Länge einer in tiefem Wasser erzeugten Welle bestimmen.

In der nachstehenden Grafik sind die Beziehungen zwischen Wellenhöhe, Windgeschwindigkeit, Sturmdauer, Bogenlänge und Wellenperiode dargestellt.

Dies sind signifikante Durchschnittswerte von Beobachtungen auf See.

Leider sind die Skalen in der Abbildung nicht linear, so dass nur globale Ablesungen möglich sind. Nichtsdestotrotz vermittelt die Abbildung ein schönes Bild von der Entstehung von Wellen in tiefen Gewässern.

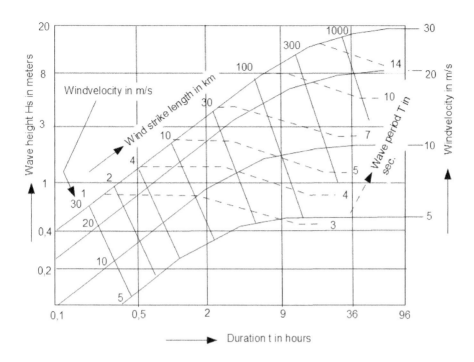

Tiefwasserwellenparameter auf dem Meer

Beispiel für die Verwendung der obigen Abbildung:
Gegeben: ein 2-stündiger Sturm auf der Nordsee mit einer Windgeschwindigkeit von 20 m/s und einer verfügbaren Wellenlänge von 100 km
Frage: Welche Welle wird dadurch erzeugt?
Antwort:
Schritt 1: Gehen Sie auf der horizontalen Achse bis t=2 Stunden Dauer.
Schritt 2: Steigen Sie senkrecht auf eine Windgeschwindigkeit von 20 m/s
Ablesen der erforderlichen Wellenlänge: ca. 25 km
Ablesen der Wellenperiode horizontal nach rechts: T = ca. 5 Sekunden
Lesen Sie die Wellenhöhe horizontal nach links ab: H = ca. 2,5 m

8.3. Das Brechen der Wellen

Jeder wird mit dem Phänomen der "brechenden Wellen" vertraut sein.
Wenn eine Welle bricht, geht der obere Teil der Wellenhöhe H von einer kreisförmigen Umlaufbewegung in eine kontinuierliche horizontale Bewegung über.

Die kreisförmige Orbitalbewegung wird so in eine horizontale Bewegung des Wassers umgewandelt. Dieses "Brechen" der Welle bedeutet, dass die Spitze der Welle nach vorne zu fallen beginnt. Für Surfer ist dies ein unverzichtbares Phänomen. Aber auch für den Transport von Sand in Küstennähe! Durch das Brechen der Wellen wird die Wellenenergie freigesetzt, die die Längsströmung vor der Küste antreibt, und der Sand vor der Küste wird aufgewirbelt und mit der Längsströmung mitgenommen. In diesem Abschnitt wird beschrieben, wann sich Wellen brechen und wie dies geschieht.

Abnehmende Wassertiefe D
Wenn eine Welle aus tiefem Wasser auf ein Ufer trifft, wird die Wassertiefe D unter der Welle immer geringer. Sobald die Wassertiefe kleiner als die halbe Wellenlänge L/2 wird, geht die kreisförmige Umlaufbewegung in eine flachere Hin- und Herbewegung über. Direkt über dem Boden ist die Bewegung horizontal und in der Wassersäule über dem Boden nimmt die Orbitalbewegung zunehmend die Form einer abgeflachten elliptischen Bahn an. Als Folge dieser Phänomene nimmt auch die Ausbreitungsgeschwindigkeit C der Welle ab.

Die Abnahme der Wellenausbreitungsgeschwindigkeit C hat zur Folge, dass sich die Wellenberge einander annähern und somit die Wellenlänge L abnimmt. Die Wellenperiode T bleibt gleich.
Aufgrund der kreisenden Bewegung am Boden entsteht eine leichte Bodenreibung, wodurch die Welle sehr langsam Energie verliert. Dieser Verlust ist jedoch sehr gering, so dass die Gesamtenergie der Welle kaum abnimmt.

Verkleinerung der Wellenlänge L
Da die Wellenlänge L abnimmt und die Wellenenergie nahezu
konstant bleibt, nimmt die Wellenhöhe H zu. Je mehr die Wassertiefe
in Richtung Küste abnimmt, desto mehr nimmt die Wellenlänge L ab
und desto größer wird die Wellenhöhe H.

Beachten Sie, dass die Zeitspanne T immer gleich bleibt! Wo auch
immer Sie als Beobachter im Meer stehen, es wird immer die gleiche
Anzahl von Wellen pro Zeiteinheit vorbeiziehen.

Wassertiefe an der Stelle, an der sich die Wellen brechen
Oben haben wir gesehen, dass eine Welle, wenn sie sich der Küste
nähert, höher und kürzer wird. Das kann natürlich nicht unbegrenzt so
weitergehen, es gibt eine Grenze der Wellenhöhe. Sobald die
Wellenhöhe etwa 80 % der Wassertiefe erreicht, bricht die Welle. Wir
nennen die Wellenhöhe an diesem Punkt die Brecherhöhe Hbr und
die Wassertiefe an diesem Punkt die Brecherwassertiefe Dbr.

$$Hbr = 0,8 \times Dbr \qquad [m]$$
$$Dbr = 1,25 \times Hbr \qquad [m]$$

Bei einem Sturm an der Küste geben die Schaumköpfe auf den
Wellen, die durch das Brechen der Wellen entstehen, einen guten
Hinweis auf die Entfernung von der Küste, in der die Wellen zu
brechen beginnen. In dieser Entfernung liegt die so genannte
"Brecherlinie". Der Bereich zwischen dieser Linie und der Küste wird
"The Breakers" genannt.

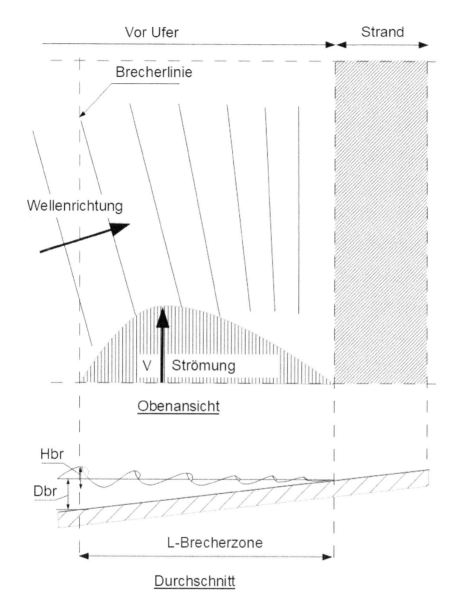

Vor Ufer | Strand

Brecherlinie

Wellenrichtung

V | Strömung

Obenansicht

Hbr

Dbr

L-Brecherzone

Durchschnitt

Strandvorland und Brecherlinie

Sie können den Abstand von der Wasserlinie zur Brecherlinie (Lbr)
und die Wellenhöhe der ersten brechenden Welle dort (Hbr)
schätzen.

Mit der obigen Formel für Dbr können Sie nun auch die Wassertiefe Dbr an der Stelle schätzen. Mit der geschätzten Entfernung Lbr können Sie nun auch die Neigung i = Dbr/Lbr des Strandvorlandes schätzen.

<u>Die Form der brechenden Wellen</u>
Wellen können auf unterschiedliche Weise brechen. Wie sie brechen, hängt davon ab, wie steil der Meeresboden zum Strand hin ansteigt. Wir unterscheiden die folgenden 3 Arten: Überlaufen, Eintauchen und Überschwemmen.

<u>A "Verschütten" / überlaufen / spilling</u>
Wenn die Neigung des Vorgebirges am Strand sehr sanft ist, entsteht ein so genannter "Spilling Breaker". Bei dieser Form fließt ein Teil des oberen Teils der Welle über die Front der sich noch ausbreitenden Welle nach unten. Dies hinterlässt eine Schaumspur auf der Meeresoberfläche.
Es wird also eine bestimmte Menge Wasser in Richtung Küste transportiert.

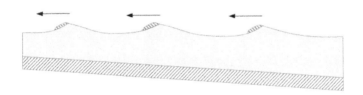

Überlaufender Wellenbrecher

<u>B "Eintauchen" /plunging</u>
Wenn die Neigung des Meeresbodens größer ist, kommt es zu der spektakuläreren "Sturzwelle". Bei dieser Form gibt es einen freien Fall des Wassers von einem nach vorne geneigten Wellenberg. Dieser "Wasserfall" bildet zusammen mit der Front der sich noch ausbreitenden Welle einen "Tunnel" aus Wasser.

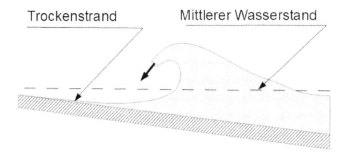

Trockenstrand   Mittlerer Wasserstand

Einstürzender Wellenbrecher

Die steil abfallenden Wellen sind bei Surfern sehr beliebt.
Siehe:
http://passyworldofmathematics.com/mathematics-of-ocean-waves-and-surfing/

C "Aufschwung" / Surging
Bei sehr steilen Abhängen des Meeresbodens, wie z. B. an
Felsküsten, tritt der so genannte "Surging Breaker" auf. Mehr als die
Hälfte der Wellenenergie wird ins Meer zurückgeworfen.

Aufschwung Wellenbrecher

Wellenbrecher auf tiefem Wasser
Das Brechen einer Welle kann auch in tiefem Wasser geschehen,
wenn der Sturm anhält. Durch den Sturm nimmt die Wellenhöhe zu,
während die Wellenlänge proportional weniger zunimmt. Die Folge
ist, dass die "Steilheit" H/L der Welle zunimmt.
Sobald diese H/L-Steilheit den Wert von ca. 0,14 erreicht, bricht die
Welle und verursacht in der Regel die sogenannte "Spilling Wave".
In diesem Fall sprechen wir von "Schaumköpfen" auf den Wellen.

Wenn die Wellen auf dem Meer sehr hoch werden, sind sie keine "freundlichen" Schaumköpfe mehr, sondern gefährliche "Wasserwände" durch brechende Wellen!

<u>Die "Brandungs-Strömung" als Folge der brechenden Wellen</u>
Wenn sich Wellen brechen, wird die Wellenenergie in zusätzlichen Druck in Richtung der Wellen umgewandelt. Dieser zusätzliche Druck kann auch in eine Komponente senkrecht zur Küste und eine Komponente entlang der Küste zerlegt werden.
Anstelle der orbitalen Bewegung mit Netto-Null-Wassertransport verursacht eine brechende Welle auch einen Netto-Wassertransport in Wellenrichtung. An einer flachen Küste wird mit jeder Welle eine bestimmte Wassermenge von der Brecherlinie, an der die Wellen zu brechen beginnen, an die Küste transportiert. Wenn die Wellen schräg auf die Küste treffen, entsteht eine starke Strömung entlang der Küste. (Diese Strömung wirkt sich auf den Transport von Sand entlang der Küste aus, was im nächsten Abschnitt näher beschrieben wird.)

8.4. Transport von Sand und Wasser durch Wellen

Die oben beschriebenen Wellen sind für den Transport von Sand entlang der Küstenlinie verantwortlich. In diesem Abschnitt wird beschrieben, wie dies geschieht und welche interessanten Phänomene dabei auftreten können.

Das Aufwirbeln von Sand durch die kreisende Bewegung am Boden
Ab dem Moment, in dem die Wassertiefe weniger als L/2 beträgt, findet eine Hin- und Herbewegung des Wassers über den Boden statt. Je näher wir der Küste kommen, desto größer wird diese Bewegung. Die Welle breitet sich weiter in Richtung Küste aus, und irgendwann wird die Hin- und Herbewegung über den Boden so groß, dass der Sand vom Boden bis zu einer bestimmten Höhe in die Wassersäule hochgetragen wird.

Transport von Sand in Längsrichtung
Der Transport von Sand entlang der Küste erfordert nicht nur, dass der Sand in der Wassersäule aufgewirbelt wird, sondern auch, dass eine Strömung entlang der Küste fließt. Diese Längsströmung ist in der oben beschriebenen Zerkleinerungszone vorhanden. Diese Längsströmung ist für den "Längstransport" von Sand entlang der Küste verantwortlich.
Ohne die Längsströmung kommt es trotz des Aufwirbelns von Sand zu keiner Sandverschiebung.

Bitte beachten Sie, dass es die kreisende Bewegung entlang des Bodens ist, die den Sand aufwirbelt, und es ist die Längsströmung, die die sandbeladene Wassersäule bewegt.
Die Längsströmung an sich hat keine ausreichende Erosionsgeschwindigkeit, um den Sand in der Wassersäule aufzuwirbeln.

Gerade Küstenlinie mit schräg zur Küste einlaufenden Wellen
Wenn an einer geraden Küste überall die gleichen schräg einlaufenden Wellen auftreten, ist die longitudinale Transportkapazität an jedem Punkt gleich, und es wird an jedem Punkt der Küste die gleiche Menge Sand zu- und abgeführt. Das Ergebnis ist, dass sich die Gesamtsandmenge pro Laufmeter Küstenlinie an keiner Stelle der

Küste verändert. Die Form der Küste ändert sich nicht, obwohl es einen Längstransport gibt!

<u>Auswirkung eines Grabens oder eines Damms an der Küste</u>
An einer langen Küste gibt es in der Regel irgendwo einen Hafen mit einem Zugangskanal oder einem Hafendamm. Aufgrund der größeren Tiefe des Kanals werden weniger brechende Wellen im Kanal auftreten. Dies hat zur Folge, dass der oben beschriebene Sandtransportmechanismus im tieferen Zugangskanal stark reduziert wird. Dadurch wird mehr Sand in den Graben eingebracht als entnommen, wodurch der Graben noch sandiger wird.
Unmittelbar hinter der Rinne kommt es zu einer geringeren Sandzufuhr, während der Sandlängstransport dort wieder in voller Stärke erfolgt. Aus diesem Grund wird der Strand an diesem Standort netto abnehmen.

Ein ähnlicher Effekt tritt bei Wellenbrechern und Hafenköpfen auf, die im Winkel von 90 Grad senkrecht zur Küstenlinie verlaufen. Sie blockieren den Sandtransport, so dass die Küste versandet und über den Damm hinaus erodiert.

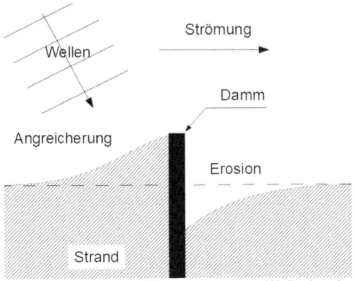

Sand-anreicherung und Erosion an einem Wellenbrecher

Wellen die in einen Winkel von 90 Grad zur Küste einlaufen.
Ein Sonderfall ist die Situation bei Wellen die in einen Winkel von 90 Grad auf die Küste treffen. Auch hier transportieren die brechenden Wellen das Wasser in Richtung Küste. Bei einer langen Küstenlinie führt dies zunächst dazu, dass das Wasser gegen die Küste gedrückt wird, aber dieses Hochdrücken ist ein labiles Gleichgewicht und natürlich nicht überall genau gleich. Daher gibt es in regelmäßigen Abständen entlang der Küste eine Rückströmung ins Meer, die das von den brechenden Wellen an die Küste gebrachte Wasser zurück ins Meer führt.
Wir nennen einen solchen Rückfluss "Mäusestrom".
An der Stelle, an der sich die Meeresströmung befindet, wird der Sand mit der Meeresströmung ins Meer getragen. Dadurch entsteht ein tieferer Kanal unter dem Strömungsrinne mit zwei Sandbänken auf beiden Seiten. Die Schaffung des Kanals und der Banken wird die Strömung weiter verstärken.
Wir werden dies im nächsten Abschnitt näher erläutern.

8.5. Gefährliche Meeresströmungen von brechenden Wellen

Mit Hilfe der oben genannten mathematischen Regeln für Wellen können wir die Wellen, die sich dem Strand nähern, genauer interpretieren. Wir haben bereits gesehen, dass die Wassertiefe an der Stelle, an der sich die Wellen brechen, ungefähr das 1,25-fache der Wellenhöhe beträgt.

Entlang der Küste sieht man oft brechende Wellen in etwas größerer Entfernung vom Strand, die sich abwechseln mit überhaupt nicht brechenden Wellen über eine kurze Strecke entlang des Strandes oder später brechenden Wellen näher an der Küste.
Das bedeutet, daß es vor der Küste Sandbänke gibt, an denen sich die Wellen brechen, und Strömungsrinnen zwischen diesen Sandbänken, wo die Wassertiefe größer ist und die Wellen später und weniger stark brechen.

Die Wellen in der Strömungsrinne neigen dazu, sich in Richtung der flachen Sandbänke zu biegen. Das liegt daran, daß die Wellenausbreitungs-geschwindigkeit über der flachen Kante der Sandbank geringer ist als in der Strömungsrinne. Die Welle dreht sich also in Richtung der Sandbank!

Da sich die Wellen über eine große Länge an den Sandbänken brechen, wird durch die brechenden Wellenköpfe mehr Wasser über die Sandbank transportiert als durch die Strömungsrinne zwischen den Bänken.

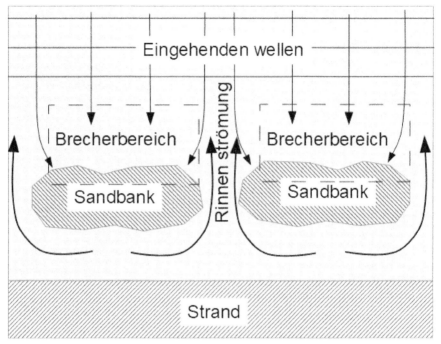

Strand mit Sandbänken und Strömungen

Dadurch entsteht an der Küste hinter der Sandbank eine Strömung in Richtung der Kanäle zwischen den Sandbänken.

Auf diese Weise kommt das Wasser von zwei Seiten und wird mit relativ hoher Geschwindigkeit durch den Kanal zwischen den beiden Ufern zurück ins Meer geleitet.

Wir nennen dieses Phänomen "Rinnen Strömung" (Prill).

Rinnenströmungen sind sehr gefährlich, weil die Strömungsgeschwindigkeit von der Strömung zum Meer oft höher ist als Ihre eigene maximale Schwimmgeschwindigkeit.

Deshalb darf man nie gegen die Strömung in Richtung Küste schwimmen, sondern muss immer quer zur Strömung parallel zum Strand in Richtung Sandbank schwimmen!
Sobald Sie die Rinneströmung nach eine Seite verlassen haben können Sie in aller Ruhe zur Küste zurückschwimmen.

8.6. Ursprung der Gezeiten und der Flutwelle

Die Gezeiten Welle
Ein Beispiel für eine sehr große Welle ist die Flutwelle, die an den Küsten entlangläuft. Diese Welle wird durch die Gravitationskräfte zwischen Mond und Erde und die Zentrifugalkräfte aufgrund der Rotation des Systems Mond und Erde erzeugt. Da auf der Mondseite die Anziehungskräfte überwiegen, entsteht dort ein Wasserbuckel", und da auf der gegenüberliegenden Seite die Fliehkräfte überwiegen, entsteht auch dort ein Wasserbuckel". Gleichzeitig entsteht in einem Winkel von 90 grad dazu ein "Wassertal".
Die Schwerkraft der Erde sorgt dafür, dass die Höhe der Flutwelle begrenzt bleibt.

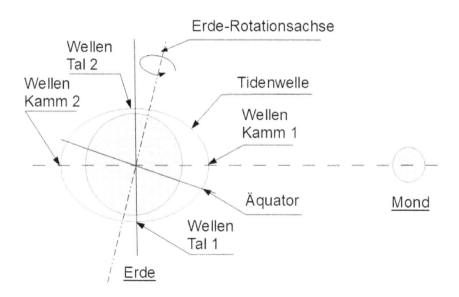

Grundprinzip Entstehung Gezeitenwelle M2 durch den Mond

Da sich der Mond einmal im Monat um die Erde dreht, ändert sich die Form der Flutwelle im Laufe eines Monats. Einmal im Monat, bei Vollmond, richten sich die Erde und die Sonne aus und verstärken sich gegenseitig in ihrem Einfluss auf die Gezeiten. Wir nennen es dann Springflut.

Als stationärer Beobachter auf der Erde erleben wir diesen Einfluss von Sonne und Mond auf den Pegel der Ozeane als eine laufende Welle, denn die Erde dreht sich täglich unter dieser "Wellenform" aus zwei Spitzen und Tälern.
Zweimal am Tag gibt es also Hochwasser durch den Mond.
Dies wird als Flut M2 bezeichnet.

Die so erzeugte Flutwelle ist nur auf der südlichen Hemisphäre vollständig, da sich keine Kontinente in ihrem Weg befinden.
Von der südlichen Hemisphäre aus läuft ein Ausläufer der erzeugten Flutwelle in etwa 3 Tagen durch den Atlantischen Ozean zwischen den Kontinenten Amerika und Afrika/Europa nach den Norden der Erde. Das Gleiche geschieht im Pazifischen Ozean.
In der Nordsee läuft die Flutwelle in etwa 12 Stunden zunächst entlang der Ostküste Schottlands, der englischen Ostküste und dann nördlich entlang der niederländischen Küste über die Deutsche Bucht nach Dänemark. Die Flut an der niederländischen Küste ist also das Ergebnis der Mondflut auf der Südhalbkugel, die dort vor etwa 3,5 Tagen stattgefunden hat!

Die Flutwelle erreicht die Flüsse auch über die Meereseinlässe.
In einem breiten Meeresarm bewirkt eine allmähliche Verengung eine Konzentration der Wellenenergie, die zu einem starken Anstieg der Höhe der Gezeitenwellen führt. Ein Effekt, der mit dem verstärkten Klang eines Horns verglichen werden kann.
Eindrucksvolle Beispiele für einen stark zunehmenden Gezeitenhöhenunterschied sind der Bristolkanal und die Schelde bei Antwerpen. Die Gezeitenunterschiede sind dort so groß, dass für die Häfen ein Schleusentor gebaut wurde, das sich nur bei Flut öffnet, da die Schiffe sonst trockenfallen würden.

8.7. Der Gezeitensprung oder die „Tidal Bore"

Es gibt einige Buchten auf der Welt, in denen die Gezeiten so beschaffen sind, dass bei einem Anstieg der Flut ein plötzlicher hoher Sprung des Wasserspiegels erfolgt, der sich mit einer bestimmten Geschwindigkeit landeinwärts bewegt.
Auf der Seeseite dringt das Wasser in die Bucht ein, und am Übergang zwischen dem fast stehenden Wasser und dem einströmenden Wasser entsteht ein so genannter "Wassersprung", der als "Tidal Bore" bezeichnet wird.

Dieses Phänomen tritt in spektakulärer Form am Anchorage Birdpoint in Alaska und in der Bucht von Bengalen vor der Küste von Bangladesch auf. Besonders bei Springflut kann dieses Phänomen im Golf von Bengalen sogar Fischerboote zum Kentern bringen.

Wassersprung
Ein Wassersprung ist der Übergang zwischen zwei Strömungsformen, mit denen das gleiche Wasservolumen über einen horizontalen Boden fließen kann: "Schießendes Wasser" oder "Fließendes Wasser":

A Bei Schießendes Wasser fließt das Wasser so schnell, dass sich Änderungen des Wasserstandes auf der stromabwärts gelegenen Seite nicht mehr auf die darüber liegende Strömung auswirken. Die Wassertiefe ist geringer als bei fließendem Wasser B.

B Bei fließendem Wasser wirkt sich eine Änderung des Wasserstandes flussabwärts aus. Die Tiefe des Wassers ist größer als die von A.

An der Stelle, an der der Wassersprung stattfindet, geht das schnell fließende Wasser in ein langsam fließendes Niedrigwasser mit größerer Tiefe über.

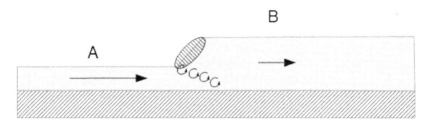

Wassersprung

Wir können diesen Wassersprung auch anders betrachten, indem wir uns als Beobachter mit dem schnell fließenden Strom A bewegen. In diesem Fall sehen wir den Wassersprung mit der hohen Schicht B mit hoher Geschwindigkeit auf uns zukommen, wie es auch bei der Gezeitenbohrung der Fall ist.

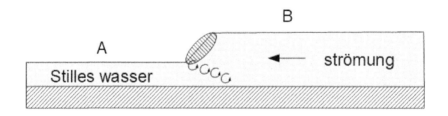

Reversed Wassersprung / Tidal Bore

Eine Tidal Bore in kleinem Maßstab
Das Phänomen der Tidal Bore kann man auch in kleinem Maßstab entlang des Strandes am flachen Ausläufer der Wellen beobachten. Über dem letzten Ausläufer einer Welle erscheint der nächste Ausläufer mit einer größeren Wassertiefe und einem kleinen Wassersprung in Richtung Strandlinie.
Die Geschwindigkeit dieses Langwellenausläufers kann mit der Formel $C=\sqrt{(g \times D)}$ berechnet werden.

Führen Sie den Test durch:
Für diesen Test halten Sie einen Teller waagerecht in der Mitte unter einen fließenden Wasserhahn.
Der Wasserstrahl aus dem Wasserhahn fällt mit großer Geschwindigkeit auf die Mitte der Platte und verteilt sich dort gleichmäßig in alle Richtungen in Form einer dünnen Schicht A aus schießendem Wasser.

Das Wasser muß jedoch über den oberen Rand der Platte fließen, aber die Wassergeschwindigkeit ist dafür nicht ausreichend. Vor dem Rand des Brettes sammelt sich schnell eine höhere Wasserschicht B an, in der das Wasser mit geringerer Geschwindigkeit fließt.
Zwischen den beiden Wasserschichten A und B befindet sich ein kreisförmiger "Wassersprung" auf halber Strecke des Brettes.

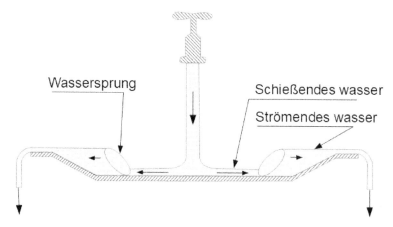

Querschnittsplatte mit schießendem und fließendem Wasser

8.8. Die Tsunami-Welle

Eine besondere Welle ist der so genannte Tsunami. Hierbei handelt es sich um eine sehr große, einzelne (solitäre) Welle, die von einem großen Erdrutsch herrührt. Durch den Erdrutsch wird in kurzer Zeit eine enorme Wassermenge verdrängt, die eine sehr große Einzelwelle erzeugt.

Normalerweise findet der Erdrutsch in oder entlang eines tiefen Ozeans statt und die Welle ist zunächst eine Tiefwasserwelle. Neben dem Ausmaß der Höhenänderung des Erdrutsches ist auch die Gesamtfläche des Erdrutsches von Bedeutung. Je größer die Oberfläche ist, desto mehr Volumen wird verdrängt und desto mehr Energie ist in der Welle enthalten.

Die so erzeugte Tiefwasserwelle bewegt sich mit großer Geschwindigkeit über den tiefen Ozean und wird bei Ankunft an der Küste eines gegenüberliegenden Kontinents aufgrund der Abnahme ihrer Ausbreitungsgeschwindigkeit stark an Höhe gewinnen und brechen. Auf diese Weise trifft die Welle als superhohe brechende Welle auf die Küste und überflutet auch das Hinterland in einer Tiefe von vielen Kilometern. Sie zerstört alles, was sich ihr in den Weg stellt.

Der Tsunami im Jahr 2004 in der Nähe von Aceh auf Sumatra
Sie ist auf der Website gut beschrieben:
www.usgs.gov/media/images/tsunami-wave-field-bay-bengal
Die Hebung des Meeresbodens vor der Westküste Sumatras um etwa 4 Meter auf einer Gesamtlänge von 1200 km erzeugte eine ebenso breite Wellenfront auf dem Ozean in Richtung Indien.

Diese Welle hatte eine Ausbreitungsgeschwindigkeit von etwa 200 m/s. Die Welle erreichte die Küste Indiens und Sri Lankas in etwa 1,5 Stunden und ein Teil der Wellenfront setzte sich bis zur Küste Ostafrikas fort. Zur gleichen Zeit erreichte eine ähnlich verheerende Welle die Landseite von Sumatra.

Detaillierte Analyse der Tsunami-Welle in Aceh

Tiefwasseranalyse
Ausgehend von der vom USGS gemessenen Wellengeschwindigkeit von C=200 m/s können wir eine Periode T=200/1,56=128 Sekunden schätzen, indem wir die Wellengeschwindigkeitsformel für tiefes Wasser C = 1,56 x T aus Abschnitt 8.1 verwenden.

In ähnlicher Weise lässt sich die Wellenlänge L mit der Tiefwasserformel L = 1,56 x T2 = 1,56 x 1282 = 25 km ermitteln.

Die Tiefe D des Ozeans beträgt etwa 4 km und somit ergibt sich ein Verhältnis D/L = 0,16. Die Welle spürt also bereits den Meeresboden und wird langsam einen Teil ihrer Energie verlieren.

Die Gesamtbreite der Wellenfront hat sich um den Faktor 5 von 1200 km auf etwa 6000 km vergrößert, was auf den größeren Radius der kreisförmigen Wellenfront bis nach Indien zurückzuführen ist. Infolgedessen hat sich die Gesamtwellenenergie pro m Breite um den Faktor 5 verringert.

In Abschnitt 8.3 hatten wir bereits gesehen, dass die Energie in einer Welle pro Breiteneinheit gleich $E=1/8 \times \rho \times g \times H^2 \times L$ ist und somit quadratisch mit der Wellenhöhe H abnimmt.

Die Abnahme der Energie in der Welle um den Faktor 5 bewirkt also eine Abnahme der Wellenhöhe um den Faktor √5=2,2. Auf diese Weise lässt sich die Wellenhöhe bei der Ankunft in tiefem Wasser vor der Küste Indiens auf H = 4/2,2= 1,8 m schätzen.

Analyse des flachen Wassers
Anschließend läuft diese Welle über den flacheren Kontinentalschelf Indiens. Angenommen, die Tiefe nimmt von D1=4000 m auf D2=25 m ab, dann nimmt nach der Flachwasserformel C = √(g x D) die Geschwindigkeit C mit der Wurzel aus der Tiefe ab.
Dies führt zu einer Verringerung der Geschwindigkeit um den Faktor √(D1/D2)=12,6.

Da die Energie der Welle nahezu gleich bleibt, muss das Quadrat der Wellenhöhe um denselben Faktor 12,6 zunehmen.
Daraus ergibt sich eine Wellenhöhe von H = 1,8 x $\sqrt{12,6}$ = 6,4 m!
Eine weitere Verringerung der Wassertiefe auf 5 m verringert die Geschwindigkeit um den Faktor $\sqrt{5}$=2,23 und erhöht die Wellenhöhe um den Faktor $\sqrt{2,23}$=1,5, was zu einer Erhöhung der Wellenhöhe auf H=1,5 x 6,4 = 9,6 m führt.

Das Verhältnis von Wellenhöhe zu Wassertiefe H/D hat sich daher deutlich auf 9,6/5=1,92 erhöht. In Abschnitt 8.3 haben wir gesehen, dass eine Welle bricht, wenn das Verhältnis von Wellenhöhe zu Wassertiefe einen Grenzwert von etwa H/D = 0,8 überschreitet.
So wird die Welle zwischen der 25 m und 5 m Wassertiefenlinie gebrochen und kommt als aufgewühlte Wasserwand mit einer Höhe von ca. 10 m an die Küste. Die Gesamtwassertiefe der Welle an der 5-Meter-Wassertiefenlinie beträgt dann etwa 15 m, so dass die Welle eine Geschwindigkeit von hat:

$$C = \sqrt{(g \times D)} = \sqrt{(10 \times 15)} = 12 \text{ m/s (43 km/h !)}$$

Diese stürmische Wasserwand ist in Wirklichkeit ein Wassersprung von sehr großen Ausmaßen.

Schlussfolgerung:
An einer Küste ohne einen hohen Berg in unmittelbarer Nähe Ihres Wohnorts besteht Ihre einzige Rettung darin, so schnell wie möglich ein mindestens 15 m (= 5 Stockwerke!) hohes Betongebäude zu erreichen.
Wenn Sie sich in einem tsunamigefährdeten Gebiet befinden, sollten Sie sich immer nach hohen Gebäuden umsehen!
Mit dem Auto wegzufahren ist sinnlos, da die Straßen sofort blockiert werden.

9. Sandkorn Durchmesser Indikator

MIKROMESSGERÄT
Anzeige des Pellet-Durchmessers
1mm = 1000 mu

Die vertikalen Linien, links schwarz
und rechts weiß, sind 500mu dick.
An der Spitze beträgt der Abstand
zwischen den Linien 500mu.
Dieser Abstand verringert sich auf 0.

Schneiden Sie diese Seite aus dem
Heft aus und laminieren Sie sie.
Legen Sie die Sandprobe auf die
Zeichnungen mit den vertikalen
Linien.

Schätzen Sie die Höhe,
in der der Korndurchmesser dem
Abstand zwischen den vertikalen
Linien entspricht.
Lesen Sie den entsprechenden
Korndurchmesser auf der rechten
Seite ab.

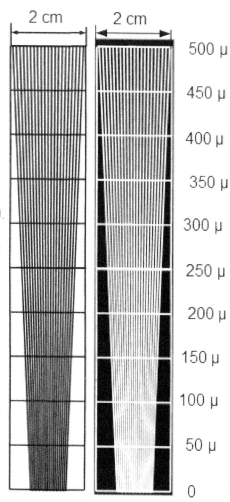

2 cm	2 cm

500 µ
450 µ
400 µ
350 µ
300 µ
250 µ
200 µ
150 µ
100 µ
50 µ
0

Printed in Great Britain
by Amazon